U0004593

從豆子到杯子，
精選101個
你必須知道的咖啡知識

咖啡學堂

王稚雅 / 編著

蔡豫寧 / 插圖

晨星出版

咖啡，流成一條人文的河

　　寫作期間，曾有位長輩關心起進度：「咖啡不就喝下去而已嗎？哪來這麼多東西好寫的？」一時半刻，我還想不到該從哪個角度解釋，話題就中斷在一陣閒聊中。

　　不過我想起，這輩子第一次接觸到可以喝的咖啡，是小學高年級時老師送的一罐藍山，小小年紀的我手裡拿著大人才能喝的飲料，明明是甜多於苦、喝起來就像咖啡糖，心裡還是有種「我也是大人了」的優越感，當時在我的世界裡，咖啡大概就是這樣吧。

　　年紀再稍長一點，已經可以自由購買含有咖啡的調製飲料，一次出遊，幾個人都點了一百多元、上了桌好大一杯的飲品，只有一位同行長輩花了相同的錢，卻拿到小小一杯，讓沒見過世面的我們目瞪口呆。為什麼呢？因為她點的是Espresso。那個當下，我的咖啡世界觀彷彿再次開展到另一個境界。至於後來真正接觸義式、手沖、摩卡壺……，則是長大以後的事了。

　　曾經也因為難以忍受咖啡的濃酸苦澀、喝到品質不佳的咖啡產生不適，好長一段時間對咖啡抱持敬謝不敏的態度，直到有一天，遞來一杯手沖的那位朋友告訴我，好的咖啡並不會讓人不舒服，自此才如夢初醒，學習去感受不同豆子所傳達出來的訊息。

　　回到一開始的問題，雖然咖啡存在於人類的歷史上並不算太長的時間，有意思的是，它卻已隨著人類的腳步踏遍世界上的各個角落，當國與國之間還在較量誰征服的領土範圍大、誰走得最遠，現在看來，最大的贏家似乎非咖啡莫屬，它比任何一個國家擁有世界上最多的信徒，並且隨著不同地域風情幻化出不同的樣貌。

　　在鄂圖曼帝國，它是讓軍隊驍勇善戰的「黑水」；遇上美國大兵，卻成了歐洲人嫌惡的「襪子汁」。

在愛爾蘭，它摻了威士忌，悼念一段沒有結局的單戀；但在香港，它與奶茶交融共結為鴛鴦。

義大利人喜歡一口乾完濃烈得會讓一般人緊皺眉頭的Espresso；北歐人則偏好悠閒地感受淺焙變化多端的滋味。

很顯然地，咖啡能帶來的已不僅止於幾個小時的提神效果，小小一顆豆子，無論之於個人或是群體，影響是這樣地無遠弗屆，那麼它必然有很多能與人說道的。而這本書能做的，就是從各種不同角度分享咖啡的小知識，跨越東西、貫穿古今，就算對咖啡沒有研究也可以很輕鬆地閱讀。

這本書的前半部著重在咖啡豆本身與品嘗咖啡相關的事。「精品咖啡」、「莊園等級」近年來在台灣火紅到不管是現實生活或虛擬世界都無處不在，讓人忍不住想一探究竟。

精品咖啡的存在是為了帶給人們什麼樣的感受呢？

我們喝下的每一口蘊藏了各種可能，從豆子到杯子，每個環節歷經了許多年和許多人的努力，遠從咖啡樹的產地和品種、生豆採收下來後的乾燥與烘焙，近到如何研磨、用什麼方式沖煮，都會決定最終拿在手上這杯咖啡所綻放的風味。所以，我們得花比往日更多的精力和它耗在一起，仔細聆聽它的呢喃，換來的不是精神的亢奮，反而是心靈的舒緩。

而後半部想講更多咖啡的故事。咖啡發展至今長達數百年，幾乎走遍世界的各個角落，大大小小的歷史事件都有它的參與，像是鄂圖曼帝國的擴張、美國獨立戰爭、第二次世界大戰、日據時代，雖然沒有舉足輕重的地位，卻也顯示它的無孔不入，是如此細微地貼近人類的生活。因為有人，才有文化、有故事，這也是咖啡迷人的原因之一。

如果看到這裡覺得複雜了起來而想著：「我還是負責喝就好了。」不要緊，你還有這本書的101則短篇，希望帶給從來沒有接觸過咖啡的朋友一個探索咖啡的契機，又或者，如果已經在尋覓咖啡的路上，但願這本書能給你「原來還有這種事喔？」的驚嘆。無論如何，只管用北歐的「Fika」精神——悠閒地細細品味它就對了！

CONTENTS

編者序 002

1 產地與咖啡豆

平豆、圓豆與象豆 010

當季豆、過季豆、老豆與陳年豆 012

奎克豆 014

咖啡櫻桃與銀皮 016

產地 018

莊園豆 020

精品咖啡、單品咖啡與配方咖啡 022

2 品種

阿拉比卡、羅布斯塔與賴比瑞亞 026

藝妓 028

波旁 030

鐵皮卡 032

卡斯提優 034

帕卡瑪拉 036

曼特寧 038

耶加雪菲 040

3 種植

瑕疵 044

葉鏽病 046

咖啡果小蠹 048

4 處理法

發酵 052

日曬處理法 054

水洗處理法 056

蜜處理法 058

厭氧發酵 060

麝香貓咖啡 062

機械式乾燥 064

研磨 066

5 烘焙

烘焙 070

梅納反應 072

焦糖化 074

一爆、二爆 076

單向排氣閥 078

氧化 080

6 沖煮

咖啡師 084

蒸奶 086

悶蒸 088

萃取 090

沖煮比例 092

流速 094

浸泡式、滴濾式 096

加壓式 098

冷萃與冰滴 100

膠囊咖啡 102

通道效應 104

水 106

咖啡油脂 108

慢速沖煮 110

7 器材

凱梅克斯　114

法式濾壓壺　116

摩卡壺　118

濾杯　120

虹吸壺　122

愛樂壓　124

磨豆機　126

刀盤（電動式）　128

烘豆機　130

手沖壺　132

V60 與 Kalita 波浪濾杯　134

8 飲品種類

濃縮咖啡　138

卡布奇諾　140

白咖啡　142

摩卡　144

瑪奇朵　146

拿鐵與咖啡歐蕾　148

維也納咖啡　150

美式咖啡　152

防彈咖啡　154

9 品嘗

香氣　158

杯測　160

風味調性　162

咖啡風味輪　164

酸質　166

醇厚度　168

咖啡 36 味聞香瓶　170

咖啡因　172

有機咖啡比一般咖啡好嗎？　174

10 台灣咖啡二三事

台灣咖啡歷程 178
臺灣曾為東亞最大的咖啡豆產地？ 180
台灣第一家咖啡館 182
台灣第一部行動咖啡車 184
台灣咖啡生產地圖 186
台灣是優質的咖啡產區嗎？ 188

11 咖啡歷史與文化

牧童卡爾迪與吃了咖啡豆的羊 192
波士頓茶葉事件 194
世界上第一家咖啡館 196
倫敦勞依茲咖啡屋 198
北歐咖啡浪潮 200
第三波咖啡浪潮 202
土耳其咖啡能占卜？ 204
越南咖啡 206
加了眼淚的愛爾蘭咖啡？ 208
美好的「Fika」時光 210
義大利人的咖啡日常 212
日本的咖啡文化 214
即溶咖啡與掛耳式咖啡 216
拉花 218
第三空間 220
獨立咖啡館 222
世界盃咖啡大師賽 224
COE 咖啡卓越杯 226
咖啡期貨 228
公平貿易 230

參考資料 232

1

產地
與
咖啡豆

001 平豆、圓豆與象豆
Flat Beans vs. Peaberry vs. Maragogype

不管哪一種都有擁護者

買咖啡時是否曾留意到有些品名後面會標示「圓豆」（Peaberry）呢？正常情況下，咖啡櫻桃裡會有兩顆相對的種子，也就是平時常見有一側是平面的咖啡豆，稱之為「平豆」（Flat beans）。然而，無論任何產地或品種，都有機會在咖啡生長過程中產生變異而出現這種只含一顆種子、形成兩側都是圓面的「圓豆」。有時可能也會聽到將圓豆稱為「公豆」、平豆稱為「母豆」，但咖啡花本身就具有雄雌兩種器官，所以實際上並沒有性別差異喔！

有些產地如肯亞、巴西與坦尚尼亞等，會特別將圓豆挑出來，由於只能仰賴人工作業、數量較為稀少，銷售時也常以圓豆能獲取較多養分，來強調其風味特別豐厚甜美、酸值明亮等，使得價格相對較高，不過咖啡豆的品質和風味還是需要經過杯測鑑定，以及取決於個人偏好。

講到咖啡豆的形狀，就不能不提到「象豆」（Maragogype，或直接音譯為瑪拉果吉佩），這是一種鐵比卡（阿拉比卡原生豆種）的變種，因其樹、葉和豆子的尺寸都比一般品種巨大許多而得名。象豆最早被發現於巴西巴依亞州的瑪拉果吉佩（Bahia，Maragogipe）地區，不過現在已有越來越多地區種植，也改良出更多品種如帕卡馬拉（Pacamara）或馬拉卡杜拉（Maracaturra），提供愛好者不同選擇，只是隨著產地區別，風味也各有不同，通常生長在高海拔產區的會帶有較明顯的香氣，口感更為圓潤厚實，比較廣為人所知的是來自尼加拉瓜馬塔加爾帕產區（Matagalpa）的豆子。但同樣地，受到咖啡樹身過高不易採收、果實過大不利於處理及烘焙等因素影響，價格有時並不那麼親民，在挑選時建議依自己的喜好做選擇。

平豆

圓豆　　　　象豆

002 當季豆、過季豆、老豆與陳年豆
Fresh Crop vs. Past Crop vs. Old Crop vs. Aged Bean

人說咖啡總是新鮮的好？

如同水果有其生命週期，咖啡櫻桃在歷經開花結果的階段後即進入採收期，除了受該年的氣候影響，政府規定的時間也決定採收期的長短，例如有些國家會嚴格限制一段短暫期間，但也有可能長達數月，肯亞及哥倫比亞則會分成主要產季與次要產季。隨著各種因素而變動的採收期，會直接影響到烘豆師產出的品項與消費者的飲用習慣，於是當季生豆新鮮與否成為左右咖啡風味的重要條件。

採收後一年內的咖啡生豆可被稱為**「當季豆」**，也就是一年以上就算**「過季豆」**了，當生豆中的水分逐漸散失，烘培所需的時間與口味也會有所改變，**酸質和香氣都逐漸遞減**，取而代之的是較溫和的木質口感。倘若是乾燥、儲存或運送環境不佳，抑或是存放一、兩年以上，導致養分流失、油質劣化，取而代之的會是枯草或土味，重量較輕，外觀也不如新鮮豆子那樣飽滿有光澤的稱為**「老豆」**。

但就像茶葉有老茶新茶、葡萄酒有年分之分，當咖啡豆依照特定的方式儲存及處理，包括溫溼度控制、通風良好，並且定時翻動，豆子原有的**酸澀味會逐漸熟成**，使得風味迥異於新鮮咖啡的酸質明亮，變得圓潤醇厚，口感轉為甘甜，統稱為**「陳年豆」**。通常只有體質較為強壯的咖啡適合沉放成為陳年豆，因此目前較為知名的幾支豆子大多產自印尼，如蘇門達臘曼特寧、陳年蘇拉維西、爪哇老布朗等。

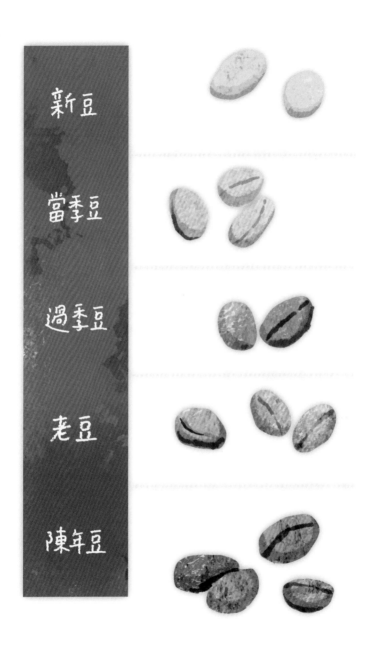

新豆

當季豆

過季豆

老豆

陳年豆

003 奎克豆
Quaker

一不小心就混進來裝熟

　　當我們倒出買回來的咖啡豆，偶爾會在裡頭發現有幾顆顏色特別淡的豆子，像這樣的豆子即是所謂的「**奎克豆**」（也有人稱為桂格豆、白目豆），屬瑕疵豆的一種。瑕疵豆的成因可能來自畸形、蟲蛀、受到感染、發酵或處理的過程等，而奎克豆在還沒成熟就被採收下來或生長過程中營養吸收不足，因此並不像發育完全的豆子一樣具有足夠的醣——醣分子在咖啡豆中除了參與不同反應、釋出不同的風味之外，也在烘焙過程中使咖啡豆焦糖化，成為我們所看見的褐色——不僅烘焙後的色澤比正常咖啡豆還要淺，聞起來有些像稻草、濕土或者是牛皮紙袋的味道，沖泡後入口則帶有類似花生殼或無糖爆米花的氣味，及不同程度的酸、苦、澀。

　　烘焙完成後需要多一道篩選的工序，才能有效降低奎克豆於一般咖啡豆的比例，不過目前在生豆處理階段也有機會先將其剔除，特別是水洗法，因其重量較輕而容易浮在水面上。美國精品咖啡協會（SCAA）將奎克豆列為二類瑕疵豆，350克的生豆中超過25顆、100克的熟豆中含有1顆便不能被評鑑為精品豆。

　　雖然如此，奎克豆不太會造成健康的危害，但會影響整體的風味，對多數人而言十分破壞飲用體驗，因此會建議在將買回來的咖啡豆磨粉之前再次挑出奎克豆，不過也有一部分人不認為是瑕疵豆，反而視其獨特的氣息為咖啡的特色之一。

奎克豆

004 咖啡櫻桃與銀皮
Coffee Berry and Silver Skin

從尋常百姓家一躍成新寵

　　鮮紅色的咖啡果實掛在樹上，看起來像極了櫻桃，而有了「**咖啡櫻桃**」這樣的稱號。一顆完整的咖啡櫻桃由外而內包括了果皮、果肉、果膠層、羊皮層（咖啡豆殼）、銀皮和種子。果皮、果肉會在咖啡櫻桃採摘下來後被剝除丟棄或當肥料，但由咖啡起源的傳說可得知最早咖啡是被當作一般的漿果食用，換句話說，以每年全球對咖啡的需求量來看，咖啡的製程無疑造成了大量的浪費。

　　早在幾世紀前，部分地區如玻利維亞、葉門就有飲用咖啡果皮茶（Cascara，西班牙文的「果殼」）的傳統，但近年來環保意識高漲、加上咖啡文化多元發展，將咖啡果皮乾燥後沖泡成各式茶飲或做為食材入菜、製成糕點才蔚然成風。與咖啡豆不同的是，咖啡果皮帶有淡淡的甜味及果香，產區或製程的差異也會讓咖啡果皮茶有不同的風味，所帶來的新鮮感令其逐漸受到市場關注。

　　「**銀皮**」則是另一個例子，它包覆在咖啡種子外，這層薄膜應在烘焙時就隨著烘豆機空氣流動的帶動，被吸引到烘豆機的集塵筒裡面，但咖啡品種及處理方式不同則會影響脫落的程度，通常日曬處理剝落的量會大於水洗處理，未完全剝離的銀皮則出現在研磨好的咖啡粉裡。

　　銀皮本身帶著不屬咖啡的氣味，許多人會在沖煮前先將其去掉以獲得更純粹的咖啡風味，後來有人發現銀皮的濕香氣有點像麥茶或決明子茶，便嘗試沖泡飲用，獲得不一樣的體驗。

果膠層

咖啡豆

銀皮

羊皮層

果肉

銀皮

005 產地
Origin

在哪裡生長，決定了咖啡的性格

　　咖啡是熱帶植物，過於寒冷貧瘠的地區不利於生長，因此生產國大都分布於南、北回歸線之間的熱帶與副熱帶，包括中南美洲、非洲、亞洲及一些太平洋島嶼，這個範圍被稱為「**咖啡帶**」。

　　雖然種植於熱帶，咖啡卻不是耐高溫的植物。最適合咖啡生長的氣溫約介於年平均15-24℃之間，5℃以下易受霜害，高於30℃葉片則容易燒傷。而評比咖啡品質的標準之一主要為種植區的海拔高度，透過不同的氣象要素（溫度、光照、熱量、風速、雨量等）進而影響咖啡的生長發育、品質。高山地區氣溫較低，咖啡生長速度緩慢，使得生豆密度高、質地較硬，含糖量也比較高，若加上日照充足、降雨量適中（約1000~2500mm之間），果實風味會更趨豐富濃郁。如公認品質高的阿拉比卡不耐高溫多溼，生產地多位於海拔1000~2000公尺的斜坡；羅布斯塔則因對氣候、疾病的適應力強，一般種於中低海拔，但風味相對較為普通苦澀，常用於即溶咖啡或罐裝咖啡。

　　除了氣候，地域風土也會改變咖啡豆的風味，即使是同一品種，都會隨著產區不同而帶來不同的味覺體驗。大抵而言，中南美洲的咖啡風味最為平衡調和，甜中帶有淡淡酸味，而南美豆會再多一種類似堅果或可可的香氣。亞洲由於種植高度普遍較低，口感沉穩厚重，帶有泥土芳香、藥草、香料或煙燻味，有些配方豆喜愛選用亞洲咖啡作為基底。非洲因為是咖啡的發源地，種類多樣之外，風味也較為強烈，常看到的描述包括香氣濃郁、酸度明亮，帶有花香、果香、柑橘風味等等。

006 莊園豆
Estate-Grown Coffee

挑選咖啡如同挑選葡萄酒

「單一起源」算是第三波咖啡文化才出現的概念，隨著人們對咖啡品質及風味的追求，單品豆生產履歷愈顯得重要，而「**莊園豆**」即是其中一個了解咖啡的入口，指的是來自於特定國家、產區、莊園的咖啡，強調以單一莊園為生產單位。消費者可以從包裝上的標示追溯咖啡的生產者，從而瞭解其風味樣貌會擁有何種特定區域的特性。如同葡萄莊園產出、釀造有自家特色的葡萄酒，即使是同一產區的咖啡，在年分不同，各莊園栽培、照顧方式或處理程序不同之下都會造成不同程度的差異。

通常莊園豆品質是比較高的。如果僅標示單一產地，有可能會將同產地不同產區或莊園的豆子混合販售，生產履歷分得越細，表示區域單品咖啡的特色越容易被彰顯，幫助消費者獲得更細膩多元的體驗。這樣的市場趨勢也會轉而影響生產者的運作模式，他們很樂意去開發及改良以滿足多變的市場需求，許多人甚至擁有可以控制生長階段、收成、處理法的技術。尤其莊園通常以經營獨立品牌的方式運作，因為來源範圍縮小，各個莊園需要為了自家聲譽，更嚴格地照護及把關流程以維持一定的質量和風味。

然而產區眾多，不同莊園擁有的資源、技術抑或篩選機制仍有些微差異，即使整體水準正在提升，仍不表示莊園豆完全等同於精品咖啡，消費過程中還是需多方了解莊園評比、是否有認證、競賽經歷等等，以選擇最符合自身需求的咖啡。

007 精品咖啡、單品咖啡與配方咖啡
Specialty vs. Single Origin vs. Blend

咖啡文化精緻化的產物

隨著咖啡消費者的品味逐漸提升，對咖啡的品質與特色有所追求，因此有了「**精品咖啡**」（Specialty Coffee）這個概念。精品咖啡一詞來自有「精品咖啡教母」美譽的娥娜・努森（Erna Knutsen，1921-2018）於1974年在《咖啡與茶》雜誌中提出，將精品咖啡定義為「特殊地理條件及微氣候生產具風味獨特的咖啡豆」，以與重行銷而較不重品質的商業咖啡做區別。直至2009年，美國精品咖啡協會（SCAA）訂出更為具體而相對客觀的標準，即通過咖啡品質協會（CQI）綜合杯測分數達80分以上者。

而「**單品咖啡**」概念大約出現於20世紀初期，是相對於「配方咖啡」而言，需為單一國家或單一產區的單一品種。生產履歷的透明化有利於追溯來源與品質外，消費者也得以感受氣候、風土、處理法等差異對咖啡豆帶來的風味影響。此外，由於咖啡產區眾多，各地對於咖啡豆的分級制度並不一致，可能是海拔、瑕疵率，也可能是生豆大小或硬度，可依此做為綜合判斷的指標。值得注意的是，單品咖啡不全然是精品咖啡，而精品咖啡也未必指單品咖啡。

「**配方咖啡**」則是近年流行的說法，但其實早在精品咖啡與單品咖啡出現之前，大多喝到的都是混合豆，畢竟在以提神為主要用途的前提下，品種或來源並不那麼受重視。那現在的配方咖啡又有什麼區別？烘豆師為了滿足大眾多變的味蕾，會將兩款以上的咖啡經過多次測試，調配出獨有的配方和比例，讓不同咖啡的特性彼此調和、截長補短，創造比單品豆更加豐富的口感。

精品
咖啡

單品
咖啡

配方
咖啡

2

品種

008 阿拉比卡、羅布斯塔與賴比瑞亞
Arabica vs. Robusta vs. Liberica

經濟價值最高的三大原生種

　　咖啡屬於茜草科咖啡屬的多年生常綠灌木，目前世界上的種類數以百計，其下的品種更是不勝枚舉，但最具有商業價值的普遍來自三大原生樹種：阿拉比卡種、羅布斯塔種與賴比瑞亞種，其中又以前兩種在市面上的流通範圍最廣。

　　「**阿拉比卡種**」（Arabica）又稱小果咖啡或阿拉伯咖啡，其原產地為伊索比亞高原，是目前產量最高的咖啡種，主要種植於中南美洲各國，部分非洲及亞洲國家也能見到其蹤跡。因為它生長於高海拔山區、風味與口感都優於其他種類，然而它對氣候要求高、抵抗力較弱，咖啡產地遂尋找其他更強壯的品種取而代之或致力於改良，即便如此，阿拉比卡的風味表現仍讓其保有70%左右的市占率，包辦了大部分的精品咖啡。

　　「**羅布斯塔種**」（Robusta）又稱中果咖啡或剛果咖啡，漿果體型介於阿拉比卡與賴比瑞亞之間，產量約20%左右，排名第二。它的環境適應能力很強，不需要太費力去照顧，因此多種植於海拔較低的地方包括印尼、印度、越南、部分西非國家。大部分羅布斯塔種咖啡因含量較高、苦澀味較明顯因而價格低廉，用於即溶咖啡或罐裝咖啡等，不過仍有品質好的品種因咖啡脂較高，可用來調和風味或製作濃縮咖啡，有的價格甚至高於阿拉比卡。

　　「**賴比瑞亞種**」（Liberica）又稱大果咖啡或利比亞咖啡，主要生產於西非如賴比瑞亞、象牙海岸、馬達加斯加等。雖然其對於蟲害、氣溫、濕度的適應力都優於前兩種，但其苦味重、口感沒那麼好，因此經濟價值最低，目前除北歐人飲用外，僅有西非各國內有在種植流通。

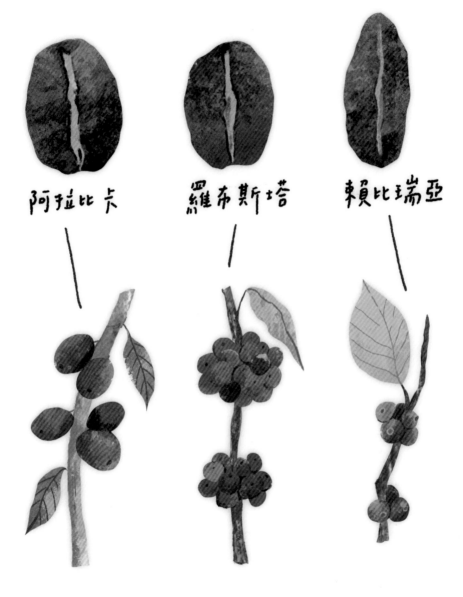

阿拉比卡　　　羅布斯塔　　　賴比瑞亞

009 藝伎
Geisha

出身防風林，躋身世界十大昂貴咖啡

　　要說世界上哪一個品種的咖啡最好，「**藝伎**」（也有人稱作「瑰夏」以做區別）絕對稱得上數一數二，在過去十幾年來一直是杯測比賽常勝軍，是巴拿馬精品咖啡的代表。擁有神祕且美麗名字的它，和日本藝伎文化並沒有任何關聯，而是它來自於衣索比亞西南部的瑰夏山（Geisha Mountain），唸法近於藝伎的日文發音。

　　這個品種輾轉在1960年代從哥斯大黎加被引進巴拿馬，因為產量稀少，一直未受到重視，多被種植為防風林之用。直到當地翡翠莊園（Panama La Esmeralda）主人丹尼爾‧彼得森（Daniel Peterson）發現這品種竟然具有非洲咖啡的花果香和厚實口感，送去參加2004年「最佳巴拿馬」（Best of Panama）競賽，意外開啟這條精品咖啡之路。

　　藝伎之所以珍貴，一方面是植株不好照顧，不僅葉面比其他品種薄，根部也相對脆弱，增加營養吸收的難度，因此幾乎只能仰賴人工栽培，採收與處理的時間也需要格外講究；其次是它需要生長在高海拔地區，高海拔的氣候條件令咖啡的風味更加豐富，好的藝伎通常種植於1600～1800公尺，更甚還有1900公尺以上。

　　隨著藝伎豆越來越受矚目，翡翠莊園發展出自家的評測制度，以種植高度為主、杯測結果為輔，分成紅標、綠標、藍標等三種等級，在每年杯測比賽後舉辦競拍，其中紅標的品質和價格最高，杯測成績須達到90分以上；綠標產區與紅標相同，主要差異僅在杯測成績；藍標的產區海拔最低，約在1500公尺左右，因此香氣和口感都略遜於紅、綠標，但對不少人而言仍相當值得一試。

桃子

芒果

覆盆子

佛手柑

橙皮

—— 風味調性 ——

010 波旁
Bourbon

色彩最繽紛的咖啡品種

「波旁」最早種植於法國的海外屬地留尼汪島，當地在1789年前以法國波旁王族命名為波旁島，咖啡因此得名。它與另外一個品種鐵比卡皆由阿拉比卡種延伸出來，同屬目前歷史最悠久的咖啡品種。目前為人所知的品種包括紅波旁、黃波旁、較為稀有的橘波旁、粉紅波旁，以及已消失許久、近年才復育的尖身波旁等，堪稱色彩最為繽紛的品種，當然，同一植株上並不會出現不同顏色的果實。波旁普遍對葉鏽病的抵抗力強，生存環境卻有一定限制，不能受到過多曝曬，年均溫最好能夠介於攝氏18-24度間，而種植於高海拔風味表現又優於中低海拔。

「**紅波旁**」其實就是一般熟知的波旁種，果實成熟的過程會由綠轉紅，但包括黃波旁、粉紅波旁等成熟時色澤並不會變紅，為了做出區分才特別命名為紅波旁。「**黃波旁**」是近年來較流行的波旁變種，主要種植於巴西，成熟後果實不會變紅而呈現橙黃色，喝起來順口清爽，苦味較弱且帶有堅果和巧克力的風味。

「**粉紅波旁**」為紅波旁和黃波旁的混種，帶有明顯的花果香與甜味。雖然抵抗力佳，卻因紅波旁與黃波旁的隱性基因容易互相干擾，且粉紅波旁與未成熟的紅波旁外型相似易被混淆，目前產量很少，多種於哥倫比亞和瓜地馬拉。「**尖身波旁**」則是豆子形狀相對於紅波旁的圓身而言，咖啡因含量低，在18、19世紀很受大眾、甚至名人貴族的喜愛。但其體弱，曾在一連串病害的侵襲之下幾乎絕種，直至近幾年來才被重新培育，市面上的價格高昂。

011 鐵皮卡
Typica

跟著荷蘭人一起環遊世界

　　在台灣非常普遍的藍山咖啡，正確來說是一種叫做「**鐵皮卡**」（Typica）的品種，鐵皮卡和波旁同屬阿拉比卡底下最早的原生品種，17世紀起，被往來世界各地進行貿易的荷蘭人帶往中南美洲及歐亞大陸，融合各地的風土氣候與品種開展出不同的風貌，當中包括了牙買加藍山（Jamaican Blue Mountain Coffee）、夏威夷科納（Kona）、爪哇（Java）、曼特寧（Mandheling）、象豆（Maragogype）等等。

　　鐵皮卡多種植在海拔1000公尺以上的山區，以突出的甜味與乾淨優雅的酸質聞名，但它對葉鏽病、漿果病及蟲害的抵抗力不佳，且兩年才收成一次，產量極低的情況下價格變得非常高。

　　至於著名的藍山咖啡，是因為鐵皮卡到了加勒比海的牙買加島，被種植於其東部的藍山上，夏威夷山脈因反射映照在海面上的陽光呈現湛藍色澤而得稱。不過「藍山咖啡」已受到牙買加當局註冊商標，因此即使產自於牙買加，還必須來自特定的行政區與海拔才能獲認證。科納咖啡則種植於夏威夷的科納地區，依著海邊帶有豐富降雨量的熱帶氣候很適合咖啡生長，加上當地為火山地形，肥沃的火山土壤孕育出品質非常好的咖啡。

　　然而藍山或科納都過於高貴，相較之下，台灣本土的鐵比卡親民許多。早在日據時期，已經接受咖啡文化的日本人發現台灣南部及東部有部分地區很適合阿拉比卡種生長，便從國外引進其系統之下的鐵比卡和少部分波旁種植於雲嘉南高屏等地，使台灣在當時成為日本很重要的咖啡產區，目前則多集中在阿里山一帶，因為當地也產茶，有些莊園產出的以帶有茶香尾韻為特色。

012 卡斯提優
Castillo

數代研發，努力克服天然病蟲害

　　咖啡產業發展至今，市面上持續推出新品種誕生以饗消費者的味蕾，帶給消費者不同的嗅覺與味覺刺激，這是由於生產環境和消費模式不停變化，最初的原生種已不足以迎合需求，因此除了一些自然變異種，各界無論是生產者或研究者也致力於做出改變來因應，當中就包括了改良原有的品種並培育新的品種。

　　其中一個被研發出來以對抗自然界病蟲危害的例子是卡斯提優。常見於咖啡種植的病蟲害中，由真菌感染造成的「葉鏽病」因為散播速度快、傳染範圍廣，幾乎大部分產區都曾深受其害。葉鏽病傳入中南美洲後各產出國災情頻傳，哥倫比亞在六〇年代就開始尋找對策，1982年由哥倫比亞最普遍的品種卡杜拉（Caturra）雜交出來的哥倫比亞（Colombia）問世，結合兩邊的杯測品質與抗病能力，但在風味表現上仍然無法超越母株，加上漿果病的傳入，促使哥倫比亞加緊腳步，體質、產量與風味都更為優化的卡斯提優終於在2005年問世。

　　「卡斯提優」一名來自於哥倫比亞的咖啡育種博士詹姆士・卡斯提優（Dr. Jaime Castillo），他以哥倫比亞品種為基礎與卡杜拉育種，一直嘗試到第十代才成功培育出得以量產的版本，且剛開始它的品質和風味仍備受考驗，後來研究者意識到種植環境對它的影響，近幾年各項指標都在提升，此外也據其又陸續開發出至少七個新的品系，每個品系都保留原品種的優點，再加上新的特徵來適應哥倫比亞各地的氣候環境，也維持生物多樣性。

013 帕卡瑪拉
Pacamara

人工培育品種成為國際比賽常勝軍

人工培育新咖啡品種的原因不外乎保留原生種（或自然變種與其他人工培育種）的優良特質並改善不利生存的基因，截長補短以更符合目前的環境生態與咖啡市場。帕卡瑪拉就是另外一個成功由人工混種繁殖出來、加之因其品質優良，而有越來越多產區加入種植行列的品種。

「帕卡瑪拉」是由薩爾瓦多的咖啡研究機構（ISIC）於1958年將波旁系統的帕卡斯（Pacas）和鐵比卡系統的象豆混種培育出來的。波旁與鐵比卡同樣都屬於阿拉比卡種的延伸，帕卡斯的樹身矮小、樹葉間的間距短，對於風雨、陽光等有較好的適應力，且疾病抵抗力強，產量也相對較高；象豆則以豆子尺寸比一般咖啡品種巨大得名，雖然產量很低，但由於其樹身高大又多種植於高海拔地區，香氣和口感極佳。於是，帕卡瑪拉經過兩個擁有優良血統的品種交叉繁衍幾代後，集兩家優點於一身，成為具有果香、堅果味並帶有焦糖尾韻的熱門咖啡。

不過它屬於大器晚成型，並非甫上市就立刻一鳴驚人，剛開始參加卓越杯（Cup of Excellence，簡稱COE，為國際精品咖啡界最具公信力的杯測比賽）時，就因為其風味過於活潑特殊，反而未受評審青睞，直到2006年，薩爾瓦多COE前三名開始有帕卡瑪拉的蹤影，2007年起薩爾瓦多與瓜地馬拉的COE幾乎都由帕卡瑪拉奪下冠軍，2020年，帕卡瑪拉在薩爾瓦多COE更包辦榜單上大部分前面的名次，成績非常優異，因此許多咖啡師也都喜歡使用此款豆子來參加比賽。

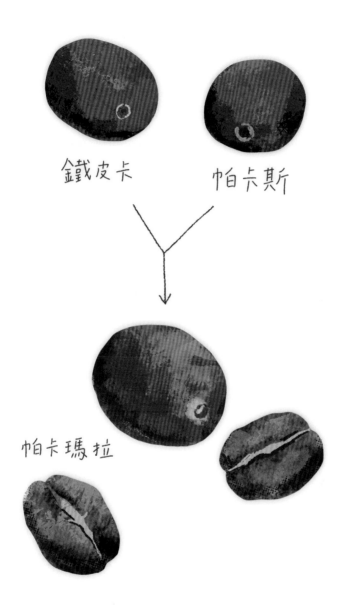

鐵皮卡　　　　帕卡斯

帕卡瑪拉

014 曼特寧
Mandheling

帶有神祕亞洲風情的「美麗誤會」

猶記還沒有所謂的精品咖啡這樣的名稱出現時，台灣比較常見的咖啡幾乎是便利商店裡販售的罐裝曼特寧或藍山，那時應該認為這兩個名字就是咖啡的全部，殊不知沒過幾年琳瑯滿目的咖啡品種紛紛冒出，曼特寧和藍山也躋身精品咖啡的行列，以豆子的形態出現在消費者眼前。

「曼特寧」屬於亞洲的咖啡，種植於印尼蘇門答臘。與耶加雪菲相同的是，曼特寧也不是一個品種，根據不同時期引進的樹種，它可能是鐵比卡、波旁、阿拉比卡或其他品種；特別的是，曼特寧並非產區名稱，而是由於翻譯誤會而得名。二戰期間，一名日本兵因在蘇門答臘喝到好喝的咖啡便向店主詢問名稱，老闆誤以為問自己是哪裡人就回答了「曼代寧族」（Mandailing），戰爭結束後，日本兵惦記著商請印尼捐客運送大量的「曼特寧」咖啡回國，竟在當地大受歡迎。後來據考證，曼代寧族是巴塔克族的後裔，而巴塔克族善於種植咖啡，目前仍生活於蘇門答臘的中北部山區一帶。

不同於中南美或非洲的活潑，曼特寧走的是沉穩路線，酸味較弱，並帶有巧克力、藥草香氣及木質調，許多年前日本人為了改善瑕疵較多的狀況，便加強品管，以四次人工挑豆，產出品質較為一致的黃金曼特寧，風味變得明亮、甜度也提升不少。還有在台灣也常看到的「黃金曼巴」，其實是一種配方豆，採用黃金曼特寧與巴西的咖啡（不同的烘豆師會選擇不同品種，配方比例也各不相同）混合，調和曼特寧的濃郁和巴西咖啡的酸質，卻留下各自的香氣，產生更為多變的口感。

蘇門答臘

015 耶加雪菲
Yirgacheffe

在溼地安身立命的精品咖啡

　　精品咖啡文化在台灣已行之有年，相信許多愛好者的心中都存在一張屬於自己的咖啡清單，不過每隔一陣子，市面上都會特別流行某幾款，令大眾趨之若鶩，就算對咖啡認識不多也樂於嚐鮮，比如說有段時間走進便利商店也能輕鬆享受到的耶加雪菲。

　　耶加雪菲如此出名，它到底是何方品種呢？事實上，**「耶加雪菲」**是一個原本隸屬於西達摩產區的小鎮，來自產出世界上大部分優質阿拉比卡豆的衣索比亞，有「讓我們在這塊溼地上安身立命」之意。這個小鎮生產的咖啡豆帶有清雅的花香、柑橘類果香以及明亮的酸質，當它受到注目後，產區便被獨立出來，連帶周圍地區產出具有同樣風味的都可稱為耶加雪菲。後來冠名耶加雪菲的咖啡越來越多，但即便在同一個產區，不同合作社或處理廠的處理方式都會使風味特質有些微差異，為了做出區別，就發展出以莊園或合作社名稱分類供消費者辨識。

　　另外在選購耶加雪菲時，會看到有個編號，這是衣索比亞常年以瑕疵豆的比例——每300克生豆中含有的瑕疵豆顆粒數——來為咖啡進行分級，根據不同處理法，水洗生豆依序為G1、G2，日曬生豆依序為G3、G4、G5，也就是說，購買時若看到耶加雪菲G1，表示這支為水洗處理且瑕疵最少；2008年衣索比亞政府成立ECX系統後，情況有了改變，除外觀的判定，還加上杯測評比，因此分級制度愈趨細緻，且由於日曬處理法屢經改良，近年來日曬咖啡的品質越來越好，於是市面上也開始出現日曬G1的咖啡豆。

3

種植

016 瑕疵
Defects

只要一點點就足以毀了一杯咖啡

絕大部分的咖啡愛好者都會希望自己享用的是一杯口感完美、沒有多餘雜味或偏差的咖啡，而咖啡從種植到沖煮成一杯熱騰騰的飲品，中間所有變數都會為咖啡風味帶來不同的變化。對初學者而言，如何判斷咖啡的好壞需要經驗累積和多方嘗試，不過咖啡豆買回來後，仍可以透過肉眼進行簡易判斷，將一些可能影響風味的因素剔除，比如瑕疵。

「瑕疵」的成因有很多，除了採收時會混入枯枝葉、小石頭或鄰近其他作物的種子果實之外（不過這部分通常在烘焙之前就會先經過篩選），最常見的是來自咖啡本身的缺陷、病蟲害、生長過程等，此統稱為瑕疵豆。根據國際咖啡組織（ICO）統計，每年全球約產生15%至20%的瑕疵豆，由於瑕疵豆的種類及比例是咖啡評比標準之一，品質越優良的咖啡含有瑕疵豆的比例會越低。

一批咖啡豆裡出現色澤、形狀或外觀不同於其他豆子的就有很大的機率是瑕疵豆。比如因發育問題或基因缺陷形成貝殼狀的「貝殼豆」與處理過程或運送時有損傷的「缺陷豆」，會造成烘焙不均而產生焦味。未成熟就被採收、烘焙完顏色會比其他豆子淺的「奎克豆」，會帶有土味或乾草味。表面有蟲蛀孔的「蟲蛀豆」、發酵過程受到汙染或採收後太慢處理的「發酵豆」與過度發酵導致外觀全黑的「黑豆」，除了不同程度的腐敗味，還可能產生毒素對飲用者的健康有不良影響。無論如何，享用一杯美好咖啡之前應該要挑選大小、外觀、顏色皆一致，聞起來沒有異於咖啡香氣的豆子，畢竟可能是毀了美好時光的殺手啊！

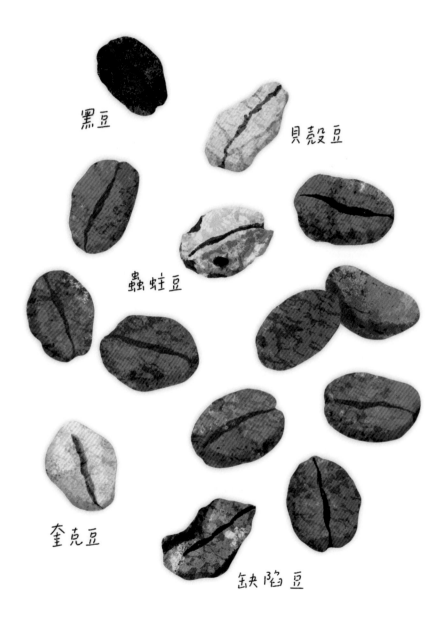

黑豆

貝殼豆

蟲蛀豆

奎克豆

缺陷豆

017 葉鏽病
Leaf Rust

與氣候息息相關的傳染疾病

　　咖啡屬於農產品的一種，種植過程中自然有機會遭到各種病蟲害的威脅，讓農民備感困擾；而病害中尤以「**葉鏽病**」對咖啡的傷害最大，甚至曾經使出產國的經濟受到重創。

　　所謂「鏽」並不是咖啡樹的葉子真的會生鏽，而是咖啡樹在受到真菌感染之後，葉面出現的黃色病斑，看起來就像爬滿鐵鏽一樣。葉鏽病常發生於潮濕、通風不良的產區，受到感染的植株葉子會大量掉落、限制生長，或產出不成熟的果實。真菌藉由風雨傳播，範圍可以擴及至非常遠，因此一旦蔓延，可能會損害當地的咖啡經濟，特別是那些以咖啡為主要經濟作物的國家。如1865年，斯里蘭卡曾爆發過一次葉鏽病災情，經此之後近二十年，其咖啡產業幾乎絕跡，後來只好改種植紅茶；又如2012年，葉鏽病肆虐中南美洲，破壞約2000平方公里的咖啡樹，造成當時的咖啡產量損失了20%左右。

　　至於葉鏽病何以會成為全球大部分咖啡都難以抵抗的傳染病，其一是因為自從咖啡的經濟效益增加，產區紛紛砍伐原本的森林來種植咖啡，動植物生態多樣性遭到破壞後失去與病蟲害抗衡的能力，單一物種過於集中也使散播速度與範圍急劇成長，且近年氣候變遷異常反而造就了適合病菌繁殖的環境；其次是病害的發生會直接影響生產者的收入，在難以負擔肥料、農藥及其他相關措施的情況下，便無法有效遏止。因此目前分散種植、培植帶抗病性的品種、研發對農民與環境皆友善的防治方法，成了各生產國致力達成的目標。

018 咖啡果小蠹
Coffee Berry Borer

令人頭痛的咖啡饕客

世界上有一種生物，比任何人都喜歡咖啡，喜歡到一輩子都要住在咖啡樹上，那就是「**咖啡果小蠹**」。咖啡種植的蟲害其實非常多種，但僅有咖啡果小蠹以咖啡為主要宿居對象且生命週期與世代交替都在咖啡樹上完成，雖然各地都逐漸發展出防治對策，卻很難完全杜絕，迄今仍被視為對咖啡最具威脅性的蟲害。

咖啡果小蠹最早是被發現於1867年，一批運往法國的咖啡種子裡，由於當時咖啡的國際貿易已經相當頻繁，蟲體也隨之散播到世界各地。牠們喜歡潮濕的環境，原本低海拔、多雨的產區受災情形會較為嚴重，不過近年來氣候變遷異常，使得其他高海拔產區也開始有機會見到牠們的蹤跡。

咖啡果實與生豆是牠們的主食，更會鑽入豆中，增加咖啡受到真菌感染的風險，使果實腐爛、變黑，除降低當地咖啡產量之外，也讓咖啡的風味變差（有時若咖啡豆上看到有一個小孔，通常就是咖啡果小蠹所造成）。而雌蟲比例高且會飛行，當交配完成後就會飛往下一個果實，影響範圍非常廣泛。

所幸，近年發現生態多樣化的種植環境因物種較多，比較有機會出現咖啡果小蠹的天敵，像是一些食蟲鳥類或蟻類，如此一來便能減少農藥使用。而在台灣，隸屬農委會的茶業改良場分析出咖啡果小蠹喜歡的氣味，研發出一種紅色誘捕器，在每年約三、四月分的咖啡開花期，可以見到咖啡園懸掛一個個如紅燈籠般的誘捕器，再加上採收後至修剪前的咖啡園清理、採收後的相應處理，可達到較有效且不會傷害環境的防治效果。

4

處理法

019 發酵
Fermentation

微生物的運作為咖啡帶來迷人風味

　　說到和發酵有關的食品，通常會想到的大多是酒、醋或優酪乳等，卻很難和咖啡聯想在一起。為什麼咖啡需要經過發酵，就需要先從它的原理開始說起。簡單地說，發酵是微生物或酶分解有機物質的過程中發生的化學反應，將糖類轉化為乙醇（即酒精）、二氧化碳和酸。

　　以咖啡而言，果實採收下來後透過不同的處理方式，如日曬、水洗、蜜處理等，利用生物分解去除果膠而得到生豆。「**日曬處理**」是直接讓全果接受長時間曝曬；「**蜜處理**」先去除果皮和果肉，留下果膠層在種子上再行曝曬，這兩種方式都屬於依賴日曬過程，由環境中的微生物消化果實的糖分後，改變了咖啡的風味。「**水洗處理**」因為是將去除果皮和果肉的種子放進水槽發酵後清洗，少了果實和果肉的包覆，加上水洗後微生物數量下降，風味會比日曬乾淨。「**厭氧發酵**」則將咖啡果實置入密封容器使其進入無氧狀態，由於環境單純、可控因素多，咖啡品質能獲得更有效的調整。

　　發酵階段的重要性及難度在於溫度、濕度、微生物數量都需要監控，處理得宜的咖啡豆在經過烘焙後香氣會更為明顯豐富；反之若像是發酵過度、過程受到污染，除了使咖啡豆品相變差、產生不好的氣味，還可能使咖啡豆保存困難，甚至增加發霉的風險。因此當發酵科技越進步，各項數值得以更為精準，處理廠也會添加人工純化的發酵菌種，以減少咖啡受到雜菌污染，或是利用不同的菌種發酵來改變咖啡風味。

咖啡槽

啤酒酵母菌

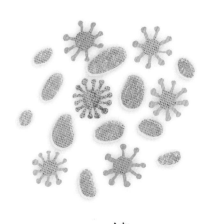

細菌

巴薩米可醋

020 日曬處理法
Natural Process

陽光洗禮造就奔放的風味

咖啡果實從樹上採摘下來到處理成所謂的生豆（也就是未經烘焙的咖啡豆）之前，需要經過一連串的篩選、發酵及乾燥，這段過程中的處理方式或數值如有不同，都會對咖啡的品質和風味造成程度不一的影響。而發酵與乾燥階段目前最常見的主要有日曬處理法、水洗處理法、蜜處理法等三種，以及近年來新興、源自葡萄酒釀造卻在咖啡製程中產生意想不到效果的厭氧發酵處理法等。

「日曬處理法」是其中最為古老的一種，約一千多年前在阿拉伯地區，就懂得將咖啡放置在露臺曬乾後煎煮成胃藥或提神用，因方法簡單直接，適合大部分日照充足且穩定的產地。咖啡開始被廣泛飲用後，農民在曬豆之前會先初步去除蟲、樹枝等雜質，接著將果實倒入水槽，未成熟或有殘缺的會浮上水面，剔除這些劣果後才能進行下一步曝曬，約需20到30天，直至果實中水分降至10%到12%左右才算完成。期間除須定時翻攪避免乾燥不均、過度發酵外，夜晚還需覆蓋避免受潮或蟲蛀。因為保留了果肉和果膠，又有充足的發酵時間，日曬豆多帶有豐富的熱帶水果香氣和較為醇厚的口感。

猶如直接取自大自然，日曬處理法比其他處理法來得簡易而環保，多受缺乏水資源或較為貧瘠的國家所使用，但需要足夠的時間和空間，而且相當耗費人力；其次由於不可控因素太多，咖啡豆的品質相對不太穩定。後來發展出「非洲式高架棚」，用架高的網架放置果實以隔絕地面的水氣和雜質，也有效改善通風使乾燥更為均勻，因此產出越來越多精品級咖啡。

021 水洗處理法
Washed Process

絕對不是洗乾淨這麼簡單而已

「**水洗處理法**」由荷蘭人在18世紀研發出來，應用在如瓜地馬拉、哥倫比亞、肯亞、爪哇和巴拿馬等潮濕多雨或日照量沒那麼充足的咖啡產地，以取代傳統的日曬處理法，是目前最為廣泛使用的處理法之一。

兩者的前置作業大致相同，而水洗法與日曬法最大的不同在於，需先用果肉篩除機去除果肉和果皮，接著將種子放入裝滿水的發酵槽，利用生物分解附著的果膠，發酵時間取決於氣溫與果膠的量，一般約需24至48小時不等，發酵完畢後以清水洗淨殘餘的雜質與發酵菌，最後烘乾成為生豆。水洗處理的咖啡豆不必要經過室外曝曬，因此在一開始就得盡可能將雜質降到最低，也因為果肉一開始就被去除，不像日曬法容易有曝曬不均而發霉、腐壞的問題。但相較於日曬法的簡易，水洗法所需工序相當複雜繁瑣，而且過程中會耗費大量清水，成本高出了許多，對於水資源缺乏的地區反而不那麼適用。

另一方面，水洗法過程中包括發酵時間、氣溫的變化，到乾燥方式用日曬或機器烘等等，都可以做出調整與實驗，可控的因素比日曬處理法多，這使得發酵完的生豆品質更加穩定、「雜味」較少，其本身的風味特質能完整而乾淨地呈現，因此精品咖啡初始流行時出自水洗處理法的豆子比較多。不過有一部分愛好者寧願選擇風味強烈、偏差較大的日曬豆，對他們而言，品質一貫穩定的水洗豆反而失去自己獨特的一面。

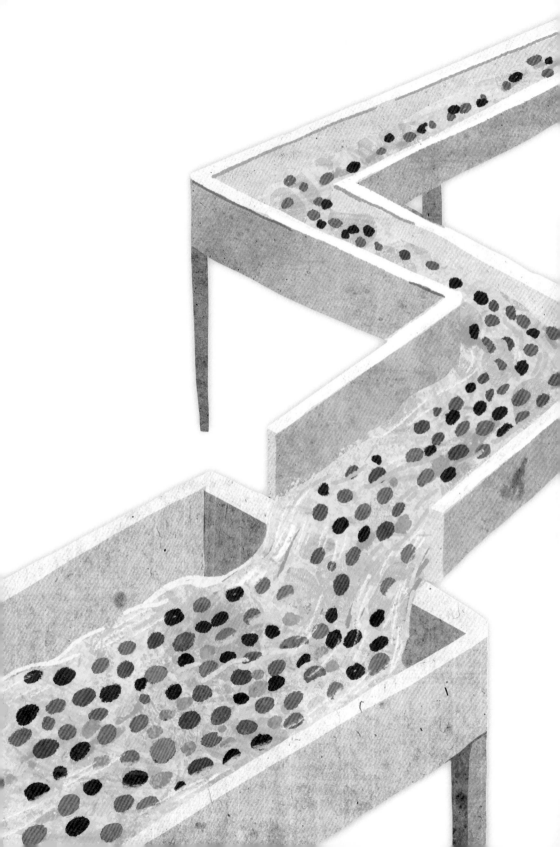

022 蜜處理法
Honey Process

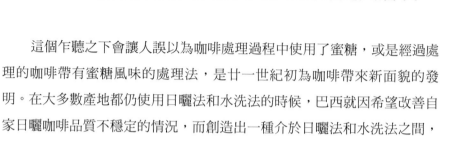

繁複講究的工法令咖啡風味更具層次

這個乍聽之下會讓人誤以為咖啡處理過程中使用了蜜糖，或是經過處理的咖啡帶有蜜糖風味的處理法，是廿一世紀初為咖啡帶來新面貌的發明。在大多數產地都仍使用日曬法和水洗法的時候，巴西就因希望改善自家日曬咖啡品質不穩定的情況，而創造出一種介於日曬法和水洗法之間，去除果皮和果肉並清洗掉部分果膠後再進行曝曬的「去果皮日曬法」。其後有些經濟不足以負擔水洗法所需大量資源的國家引進了此種做法，哥斯大黎加即是其一，並將其改良成現在所知的**「蜜處理法」**，即曝曬僅剝除果肉和果皮的種子，留在種子上的果膠便會隨著水分減少而愈加黏稠如蜜，果膠內含的糖分和酸質也會滲進咖啡豆。

蜜處理的關鍵在於日曬時長和留在種子上的果膠多寡。乾燥時間充足，微生物分解果膠的時間就越多，使豆子吸收果膠中的物質轉化為香氣和口感。過程和日曬處理法相差無幾，需要定期翻攪來確保通風，避免潮濕導致發霉。而果膠保留越多，蜜處理的特色越明顯，但保留果膠需冒過度發酵的風險，非常考驗生產者的功力。

蜜處理完成的咖啡豆主要是因表面殘留的果膠多寡不同而呈現不同的顏色，所以選購時可能會看到包裝上標示有白蜜、黃蜜、金蜜、紅蜜、黑蜜等幾個層級。大略來說，白蜜保留最少的果膠所以顏色最淺，但經過日曬，雖然喝起來口感如水洗豆清新，香氣及甜度卻高於水洗豆；而黑蜜保留的果膠最多，顏色最深，風味的層次與飽滿程度也會比較接近日曬豆。

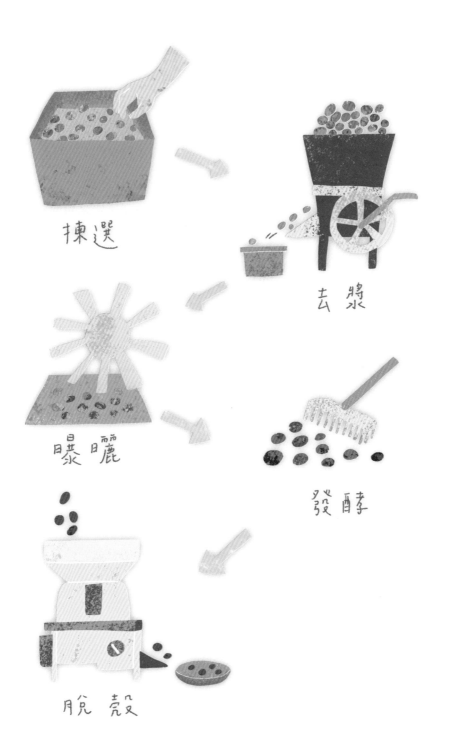

揀選

去漿

曝曬

發酵

脫殼

023 厭氧發酵
Anaerobic Fermentation

科技發展為咖啡帶來更多可能性

　　近年來「**厭氧發酵**」的咖啡異軍突起，成為精品咖啡界的寵兒，然而這並不是食品工業的創舉，葡萄酒莊早就開始利用這種發酵方式來釀製，第一位嘗試運用於咖啡的是哥斯大黎加的咖啡農路易斯先生（Luis Eduardo Campos），但真正讓厭氧發酵咖啡一炮而紅的是2015年世界咖啡師大賽（World Barista Championship，簡稱WBC）的冠軍──澳洲咖啡師沙夏・賽斯提（Sasa Sestic），他採用哥倫比亞雲霧莊園生產並以厭氧發酵處理的蘇丹汝媚參賽獲得殊榮。

　　和傳統處理法不同，像是日曬、水洗或蜜處理都是在開放的環境下完成發酵，參與作用以需要氧氣的微生物居多，而「厭氧發酵」則是將去果肉及果膠的咖啡豆放進密閉且充滿二氧化碳的容器（一般會用價格較低且無雜味的不鏽鋼桶）進行發酵，過程中酒精濃度、二氧化碳濃度、酸鹼度等都受到嚴格監測。

　　無氧環境使得發酵時間延長，糖分分解速度也會跟著減緩，因而經過厭氧發酵的咖啡會比其他處理法更醇厚香甜，乳酸菌也為咖啡帶來像是優酪乳般的酸甜口感。另外還有一種「二氧化碳浸漬法」常被視同厭氧發酵，兩者差別在於是否保留果肉，然而果肉留得多表示糖分越高，若容器內的有機物質不足以處理，就可能造成酒味過重（至於用雪莉桶作為發酵容器來得到富含酒香的咖啡又是另外一件事了）。

　　隨著科技發達和資訊普及，咖啡後製越來越多樣化是必然的，技術越精密則表示品質和風味都會越穩定，但這樣大量仰賴機械與科技的模式，可能也意味著個別咖啡的個性會越來越模糊，就端看消費者怎麼選擇了。

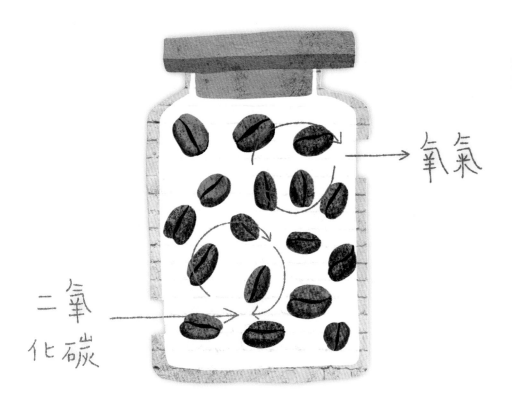

氧氣

二氧
化碳

024 麝香貓咖啡
Kopi luwak

舌尖上備受關注的動保議題

處理法

　　「麝香貓咖啡」的名聲讓許多不喝咖啡的人也有所耳聞，但到底是什麼樣的緣故，讓粉絲對這款價錢高昂的咖啡趨之若鶩、卻也有許多人始終極力抗拒呢？

　　屬靈貓科的麝香貓（與其說是貓，牠們其實長得比較像果子狸），在許多低緯度地區包括台灣，都可以看到牠們的親戚，不過以咖啡為食的品種主要分布在印尼、菲律賓、越南等地。早在列強四處擴張領土以獲取更多資源的時代，荷蘭占領印尼將當地的熱帶作物進貢王室及出口獲利，咖啡即是其一，當時荷蘭不允許印尼人私下飲用咖啡，因此農民自己種植卻未曾品嘗過，直到有天他們發現果園中麝香貓排出的咖啡種子，經過處理後喝起來味道竟然不錯，麝香貓咖啡的名聲開始不脛而走。

　　其風味之所以特別，是由於麝香貓吃進咖啡果實後，果肉在消化系統內發酵、分解，體內的胺基酸能降低苦味，剩下難以消化的種子隨糞便排出體外成為農民眼中的商機。由於麝香貓為雜食性，也吃其他昆蟲和水果，從野生麝香貓身上能獲取的咖啡豆非常稀少，因此要價不斐，後來便發展以人工養殖來生產麝香貓咖啡。

　　但是這隨之衍生了動保問題，其一是養殖的麝香貓沒有獲得妥善照顧與良好生活環境；其二是當地人為了生產更大量的咖啡，讓麝香貓終其一生只吃咖啡豆，違反牠們的習性。此外，麝香貓咖啡的風味是否和名氣成正比仍有爭議，有不少人抱持否定態度，認為喝起來並沒有傳說中那麼驚豔，對他們來說，麝香貓咖啡的價值或許仍來自於其故事性與新鮮感吧。

025 機械式乾燥
Mechanical Drying

成就一杯好咖啡需要人工與科技的相輔相成

尚未處理過的咖啡就像水果一樣不耐久放，早在西元十一世紀，阿拉伯人已經懂得曬乾咖啡豆來延長保存期限，可說是日曬處理法的原型。咖啡成為供需量高的經濟作物後，許多產地無法負荷日曬處理法對空間和氣候的需求，陸續發展出其他替代方式以完成咖啡乾燥和發酵。自工業革命以來，品質穩定、大量生產的優勢讓機械取代人力成為難以阻擋的趨勢，咖啡也一樣歷經了由人力到機械的轉變，然而人工處理的咖啡和機械處理比起來，到底何者為佳，一直是受到討論的話題，理論上機械處理的品質應該會優於人工作業，但為何人工派的擁護者卻不這麼認為？

影響咖啡乾燥的因素很多，在自然環境下變數又相對更多，因為日曬過程較長，發酵菌種有足夠時間在咖啡豆裡作用，咖啡風味發展得比較完整，使香氣更豐富、更甜，但相對地，日照量、氣溫、濕度若是不夠穩定，會有乾燥不均或過度發酵的問題。「**機械式乾燥**」對不便施行日曬處理法的產地無疑方便許多，可控性高讓前述問題大幅改善，有助於維持咖啡品質穩定、甚至是提高品質；長期來看，添購設備燃料的成本也低於耗費的人力和時間，多出來的人力便可以投入生產來增加利潤。

但機械式乾燥也不是完美無缺，畢竟咖啡並非死物，烘焙需要時間和耐心與其培養感情，雖然機械便利、可以帶來穩定，對一些人而言，這種穩定如同將咖啡限制在單調的框架裡，如果貪圖機械的便利性而不留心一些細節，也很難達到想要的成果，因此一般多會將人工和機械混合使用以獲得平衡。

026 研磨
Grinding

猶如咖啡沖煮前的神聖儀式

聽到磨豆機喀拉作響，伴隨而來必定是撲鼻的咖啡香，這個訊息要傳達的是：很快就有熱騰騰的咖啡可以喝了！而咖啡磨得好不好其實對沖煮成果影響很大，也許會有人好奇：「研磨不就是把咖啡豆磨成粉而已嗎？」如果這麼想的話，很可能會錯失喝到一杯好咖啡的機會！

「研磨」是為了沖煮時將咖啡豆裡的物質萃取出來，萃取量和咖啡風味有絕對的關聯，包括研磨出來的顆粒平均度、顆粒粗細、水溫、沖煮流速快慢等等都需要達到平衡，因此控制萃取對煮出一杯好咖啡是必要的。將咖啡磨成粉的用意在於增加咖啡和水接觸的面積，以此改變萃取量和速度，也就是說，磨得越粗，結構越鬆散，水流速度快，萃取量越低，反之亦然。

義式濃縮或手沖咖啡需要的粗細不同，烘焙度深淺、沖煮器具也有差異，若無法搭配作出合適的設定，會讓咖啡無法發揮原本該有的風味特質，甚至變酸、苦澀，有的還會帶有辛辣感。然而對新手來說，購買咖啡時可以詢問店員建議的沖煮時間和水溫，卻無法問到精準的粗細度，因為每台磨豆機的刀盤、刻度不盡相同，就算照著店員提供的數值也不見得能得到相同成果，有餘裕的話，建議多嘗試不同數值以趨近理想。

如果自己沒有磨豆機，為了方便會請店員代磨，但咖啡預磨成粉表示提前接觸空氣和水氣的面積增加，氧化速度加快，除了咖啡風味容易流失，保存期限也會縮短，這時只能以密封不透光的容器低溫儲存來延緩咖啡粉的衰敗，當然，若狀況允許，還是沖煮之前再研磨會比較好。

非常粗糙　　　　粗且

中等　　　　細　　　　精細

5

烘焙

027 烘焙
Roasting

開啟咖啡迷人風味的鑰匙

　　自從發現以來，咖啡先是被當作蔬果生吃，到後來曬乾煎煮熟食，再到現在需要經過烘焙而成為滋味千變萬化、許多人生活中不可或缺的飲品，之間經過幾世紀的研發與改良，「**烘焙**」從單純地將這小果實煮熟，演變成為左右咖啡風味的重要環節。

　　為什麼烘焙對咖啡的影響這麼大？咖啡中的糖分、碳水化合物和蛋白質都會在加熱過程中起變化，因此不僅咖啡豆的顏色由綠轉褐、咖啡表面逐漸浮現油脂、咖啡店那股吸引人走進去的咖啡香也在這時產生。烘焙的時間、溫度決定了咖啡香氣、口感的走向，因此烘豆師的經驗和想法至關重要，需要考慮以保留大部分咖啡原產地的風味為主，或是加上個人的烘焙風格。

　　烘焙過的咖啡依烘焙時間長短分為八個等級：極淺焙、淺焙、淺中焙、中焙、中深焙、深焙、法式烘焙與義式烘焙。從咖啡豆外觀的色澤深淺可以判斷出其焙度，焙度越淺的咖啡豆沖泡後的酸質越明顯、原本的風味也越凸出，因此強調不同產地特色的單品咖啡或配方多會介於淺焙到中焙之間；中深焙的咖啡豆苦味和焙火味明顯，但仍保有甘醇感，製成黑咖啡也很適合怕酸的人飲用；深焙的咖啡豆外表則幾乎快變黑色，表面泛著些許油光，沖泡後偏苦、也沒什麼酸味，一般用來製作義式濃縮咖啡。

　　通常去買咖啡豆時，烘豆師可能會提醒要先「養豆」——即靜置一段時間，這是因為咖啡在烘焙過程會產生二氧化碳及其他氣體，這些氣體在剛烘焙完幾天排出，這時若沖泡咖啡會形成小氣泡，導致咖啡萃取不均而影響風味。

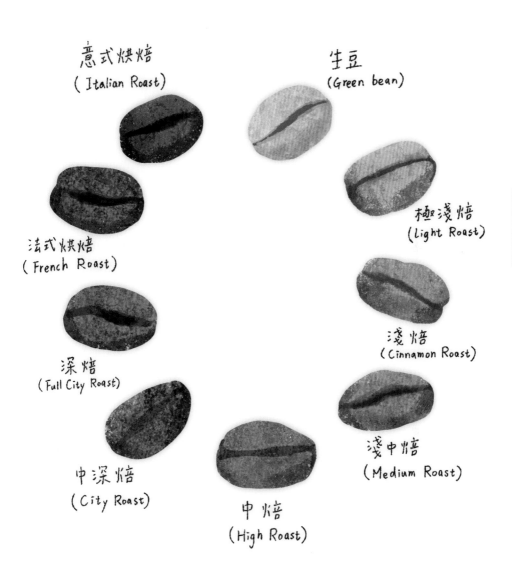

意式烘焙
（Italian Roast）

生豆
（Green bean）

極淺焙
（Light Roast）

法式烘焙
（French Roast）

淺焙
（Cinnamon Roast）

深焙
（Full City Roast）

淺中焙
（Medium Roast）

中深焙
（City Roast）

中焙
（High Roast）

梅納反應
Maillard Reaction

當咖啡遇到高溫發生的化學變化

烘焙

咖啡的迷人之處，除了千變萬化的風味讓人回味再三，莫過於那股帶有甜味的焦香，聞到彷彿會上癮一般。這股氣味不同於入口後才能感受到的各種花果香，而是在咖啡經過烘焙後才會產生，這個烘焙過程中發生的變化是由於「**梅納反應**」（Maillard Reaction，也稱為梅拉德反應、羰胺反應）的作用。

梅納反應在1912年由法國化學家梅納（Louis-Camille Maillard）首次提出，因此以他的名字命名，他發現胺基酸和糖類的溶液混合加熱後會產生黃褐色，接著便著手研究這兩個物質在高溫下結合的一連串反應，得到的結果是，反應過程中會產生許多物質，這些物質除了讓表面顏色變黃、變深，還會帶來不同的氣味和味道，因此食物經過煎烤後就像染上一層褐色，而且變得更香甜，最常見的例子就是煎牛排或是烤麵包時，由表面開始出現淡褐色的階段，發展至今已成為食品調理、加工、保存等領域中很常見、與生活息息相關的一項技術。

同樣地，咖啡豆裡頭含有胺基酸和蔗糖，經過高溫烘焙，梅納反應讓生豆外表由藍綠色逐漸轉變為褐色，並綻放陣陣誘人香氣。烘豆師經過反覆嘗試改變烘焙時間及溫度來調整梅納反應對咖啡豆的作用，梅納反應時間越長，咖啡整體味覺呈現越為深沉厚重；反之咖啡則會擁有越明亮的果酸味及清甜的口感。但是過猶不及，一旦不小心烘過頭，咖啡會變得苦澀且難以下嚥，反應時間不夠，喝起來又會像還沒成熟的水果，這時烘豆師的經驗絕對攸關咖啡的美味與否。

029 焦糖化
Caramelize

烘焙之所以能賦予咖啡焦糖般的甜香味

　　咖啡的烘焙過程會產生兩個重要的化學作用，其一是梅納反應，另外一個就是焦糖化反應了。「**焦糖化**」反應僅會發生於糖類或含有糖分的食材，糖類經過高溫烹調，當溫度高於熔點，顏色會開始轉為黃褐色，隨著溫度上升、水分散失，顏色逐漸加深，直到炭化成黑黑焦焦的炭。焦糖化反應常常用於烹調過程中改變食材的顏色，像是在滷食物前加入炒焦的糖為食物上色。但許多食材中同時含有糖分與胺基酸，因此焦糖化反應產生的同時常常也伴隨著梅納反應，兩者其實都會導致顏色和氣味的變化，很難單純地界定變化是來自哪一種反應。

　　咖啡豆裡含有蔗糖（這也是為什麼即使是黑咖啡，喝起來仍帶有甘甜感），蔗糖熔點約在186℃，咖啡豆加熱到差不多170℃到200℃之間為焦糖化反應的作用期，過程中會出現甜、酸、苦如焦糖、堅果的氣味，加熱到最後味道變苦，顏色轉黃至褐色，最後呈現如燒焦般黑到發亮的色澤。

　　我們購買時可從咖啡烘焙完成後表面的顏色大概判斷其烘焙度，但實際上有一套量化的標準，1996年美國精品咖啡協會（SCAA）與食品檢測儀器公司艾格壯（Agtron Inc.）合作制訂一套稱為「**艾格壯數值**」（Agtron Number）的數據，並搭配一套有8級色階的色卡供烘豆師辨識。其分析儀以近紅外線判定烘焙度，焦糖化低者表面顏色越淺，反射的光線就越多，測得數據越高，表示烘焙度越低；相反地，焦糖化高的顏色就越深，反射的光線少，即表示烘焙度高。不過這台檢測儀要價不便宜，目前許多公司也開發出比較親民的版本。

030 一爆、二爆
First Crack vs. Second Crack

烘焙咖啡展現風味的最佳時機

咖啡烘焙過程有三個階段：咖啡豆加熱後會開始脫水；當水分減少至一個地步後，梅納反應與焦糖化反應緊接著發生，此時咖啡豆開始轉黃；當咖啡豆出現一爆，整體風味會快速地產生變化。

如果吃過爆米花，對於一爆會比較容易理解，咖啡豆烘焙時經過加熱，裡面產生水蒸氣、氣體而膨脹，發出像爆裂的聲音，所以直接稱為「爆」。至於為什麼會有一爆、甚至是二爆的說法，是烘豆師在烘焙過程用來確認烘焙度的一個標準，由於每批生豆的含水量、密度和硬度都不同，烘豆師需要靠豆子的爆音搭配其他數據獲得較精準的烘焙曲線。每個烘豆師和不同的咖啡豆之間都有專屬的烘焙曲線，有助於確保每次烘焙能獲得一致而穩定的品質。

「一爆」指的是咖啡豆烘焙時發出的第一次爆音，一爆之後溫度還在持續上升，豆子開始吸熱，內部也在持續作用，當豆子承受不住高溫產生較悶且細小的爆音，豆子色澤轉黑、表面油亮，即是所謂的**「二爆」**。至於二爆以後會怎麼樣呢？此時的咖啡豆就會因為烘焙過度而焦掉、甚至炭化，已經不適合再拿來飲用了。

從一爆到二爆的時間可約略判斷豆子的烘焙度，因此有時可能會聽到以這些術語來代替淺焙、中焙等描述。一般而言，極淺焙豆約在從一爆密集出現之前完成烘焙；淺焙豆約在一爆密集期到一爆結束前；淺中焙豆約在一爆結束時；中焙豆約在二爆開始前後；中深焙豆約在二爆剛開始到二爆密集前；深焙豆約在二爆密集期；法式烘焙約在二爆密集到二爆結束前；義式烘焙在二爆結束後完成烘焙。

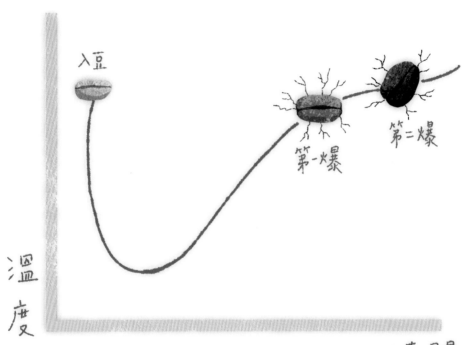

入豆

溫度

時間

第一爆

第二爆

O31 單向排氣閥
One-Way Degassing Valve

減緩咖啡氧化，延長保鮮期

市面上常見的咖啡豆包裝無論是鐵罐或鋁箔袋，最大的作用就是為了避免光照並阻隔空氣中的水氣以維持咖啡豆的乾燥與新鮮。很多人應該有這個經驗，買咖啡豆的時候在袋子背面看到一個圓形像是氣孔的裝置，然後忍不住伸手擠壓袋子深吸一口咖啡的香氣……。

然而這個不經意的小動作，卻很可能是讓咖啡豆壽命縮短的兇手，原因是咖啡在烘焙過程中會產生二氧化碳及其他物質，這些二氧化碳直到咖啡烘焙完成仍會繼續釋放出來，**「單向排氣閥」**顧名思義就是使過多的氣體排出袋子、外界的空氣卻不能進去，可以有效地將空氣和水氣排除在外，降低咖啡豆氧化和受潮的風險，排氣的功能也給了咖啡豆緩衝空間，令包裝受到碰撞時不至於因為裡面的氣體太多而破裂。不過，有排氣閥不等於萬無一失，排氣閥本身或裝填過程有瑕疵的話，仍可能加速咖啡的老化，保險起見當然還是早點在賞味期限內喝完啦！

此外，二氧化碳屬於惰性氣體的一種，在環境中不容易與其他物質發生作用，袋子裡充滿二氧化碳可以保護咖啡豆不受氧化，就算中間有打開取出咖啡豆，二氧化碳其實不至於散失太多，但是一旦擠壓袋子，裡面的二氧化碳減少，如同咖啡豆的保護層縮小，對保存相當不利，同時咖啡豆持續釋出的芳香物質也會因為擠壓而流失，也就是說，越多人擠過，那一袋咖啡豆的保存期限就會越短。

032 氧化
Oxidation

有些風味一旦錯過就不再

物質與空氣中的氧結合並產生反應的過程稱為「**氧化**」，氧化在我們的生活中無處不在，從劇烈如燃燒到緩慢如金屬生鏽都有氧化的參與；更別提食品保鮮問題與其息息相關，人類無所不用其極避免氧化為食材帶來的負面結果，像是變質、腐敗或是提前進入老化期，不過有時氧化反應也會被應用於食品熟成技術。

以咖啡豆的保存來說，剛烘焙好的咖啡豆還存有許多的二氧化碳、水分及揮發物，如油脂、芳香物質等，這些物質與周遭環境的氣體和其他元素進行交換，使得香氣逐漸展開，風味也更加穩定，這個短暫而美妙的階段稱為「養豆」（一般建議在一到兩周之間），隨著時間的推進，飲用者可以品嘗到不同的風味變化。然而，當包裝打開、咖啡豆開始接觸空氣，所有正向的變化推到頂點後，咖啡豆就會快速往變質的方向邁進，除了香氣揮發殆盡之外，咖啡豆中的油脂也會因為過度氧化而產生油耗味，此時的咖啡就失去了飲用價值。故此，保存咖啡豆相當重視阻隔空氣，包括在包裝內填充氮氣、使用單向排氣閥等都是為了避免過早或過度氧化——氧化反應一旦開始，如同上了一班無法回頭的列車，一不小心坐過頭，等同白白浪費了咖啡豆。

除了過早讓咖啡接觸空氣，接觸面積也是影響氧化程度的因素之一，也就是說，和整顆咖啡豆相比，研磨後的咖啡粉氧化速度會快上許多，這就是為什麼請店家代磨時他們會細心提醒盡早享用完畢，有些更嚴謹的甚至不提供代客研磨的服務，以確保顧客飲用的咖啡不因過早氧化而失去應有的風味。

空氣

氧化會將咖啡分子中的元素剝離，使其喪失風味。

熱度

高溫容易加速咖啡豆腐壞，促使咖啡更快變質。

濕度

由於水含有氧氣，它會導致氧化、發黴和結塊。

陽光

陽光的照射會導致顏色、油脂和味道的流失。

6

沖煮

033 咖啡師
Barista

用一杯好咖啡的時間為人們帶來愉悅

　　咖啡店在近年來成為不少人心目中創業的首選，雖然開店所費不貲，只要想到能在充滿個人風格的空間裡為每位客人端上一杯自己煮的咖啡，那樣美好的畫面還是令人憧憬不已。但仔細想想要懂的事可真不少，除了經營管理，還要熟悉咖啡會用到的器具，如果打算事必躬親，沖煮咖啡、甚至是烘豆的技能更是不可不具備。

　　從事沖煮咖啡一職的人通常統稱為**「咖啡師」**，而若說其是一間咖啡店的靈魂一點也不誇張，一位專業的咖啡師必須對咖啡豆瞭若指掌並擁有敏銳的感官，分辨不同品種的咖啡和鑑定好壞、做出好喝的手沖及義式濃縮等，甚且發展獨有配方或特色飲品只是基本條件，能夠理解並滿足客人的需求、引導客人獲得更好的味覺體驗，均在這個時代成為更重要的能力，就如同每間酒館吧檯後都有一位獨具特色的調酒師一般。現在國外多以義大利文「Barista」稱呼咖啡師，用以對應英文的調酒師（Bartender），這個職位早在咖啡機還有拉把的八〇年代以前，有個更直覺的稱謂：濃縮咖啡拉把員（Espresso puller）。除了歷史變遷，也可看出咖啡師此一職業從單純提供專業服務，演進為需要更細緻地與客人互動、具備溝通能力的重要角色，換言之，Barista一詞到了這個時代所指甚廣，剛踏入這個行業的新手乃至經驗豐富、堪稱「咖啡侍者」都可以包含在內。

　　坊間有幾個開設證照課程的系統，提供了一條路徑給有志成為咖啡師的人，不過在台灣並非有證照才能開咖啡店，考照除了證明自己的專業能力之外，主要在於建立業界間的共通語言和操作標準，不代表擁有證照就能煮得出好喝的咖啡，累積經驗也十分重要。

沖煮

034 蒸奶
Steaming

濃縮咖啡更加分的好夥伴

　　牛奶在義式濃縮咖啡的地位絕對是無庸置疑，因為有牛奶的加入讓咖啡喝起來更為柔和順口，濃郁飽滿的奶泡更令咖啡的口感再提升一個層次，咖啡店最受歡迎的幾款咖啡中，除了美式咖啡外，像是拿鐵（Coffee latte）、卡布奇諾（Cappuccino）、小白咖啡（Flat white）等都是由濃縮咖啡、熱牛奶和奶泡組成，差別只在於它們以這三者的不同比例組合來達到不同的口感。

　　用義式咖啡機製作奶泡，是將高溫的蒸汽注入牛奶，經過加熱的水氣和空氣會改變牛奶裡蛋白質的化學結構，形成穩定綿密的小氣泡。加熱溫度和時間是能否成功蒸出奶泡的關鍵，當溫度升高至約40℃，牛奶中的蛋白質開始聚集形成能包覆空氣的薄膜，這時的氣泡大而易破；大概在55℃至65℃之間最有助於形成細緻且不易消退的奶泡，這時也最適宜作出各式花樣或立體拉花；然而溫度一旦高於70℃，蛋白質結構受到破壞，氣泡反而會崩解，而且即使降溫再重新加熱也無法恢復，同時牛奶中的脂質及其他營養成分也會遭到破壞，使牛奶的香甜感開始流失，並散發出愈趨明顯的腥味。

　　至於乳脂含量與是否能蒸出奶泡並沒有太大關係，卻會影響咖啡帶來的味嗅覺體驗，乳脂含量高的牛奶比較能維持奶泡穩定、帶來較為飽滿的口感和濃厚的奶香味；製作時，若希望同時擁有奶泡又保留咖啡本身的氣味，脫脂牛奶會是一個選擇。

沖煮

035 悶蒸
Bloom

手沖咖啡均勻萃取的訣竅

　　如果有機會近距離觀看咖啡師製作一杯手沖咖啡，可能會看到他們在乾咖啡粉上澆注少量熱水，然後神奇的事發生了，浸濕的咖啡粉開始膨脹，不停冒出氣泡，彷彿岩漿湧動即將噴發。這個在沖煮前預先浸濕咖啡粉的程序稱之為**「悶蒸」**。

　　咖啡豆在烘焙時產生的二氧化碳，直到烘焙結束仍持續釋放，研磨成粉的咖啡因為表面積增加，二氧化碳排放更加快速，於是熱水注入時粉層表面冒出許多氣泡，鼓起來的模樣有些人會暱稱為「漢堡」。如此浸濕咖啡粉，可以避免沖煮時才排出的二氧化碳成為阻隔水通過咖啡粉時降低萃取程度的干擾，減少咖啡沖完的風味和香氣。悶蒸的水量一般會控制在足夠浸濕咖啡粉而不會滴落太多即可，水量不足可能令接下來的萃取不均，太多卻又會提早開始萃取，兩者都會使沖煮結果略打折扣。

　　然而排氣並不總是會發生，我們的確可以從有沒有排氣來判斷咖啡粉是否新鮮，但烘焙程度和水溫同樣也有影響，讓咖啡在悶蒸時有機會無任何氣泡產生。深焙咖啡因為含水量較少更容易吸水，二氧化碳排出比較激烈，反之淺焙咖啡的排氣量相比之下會少很多、甚至不會發生排氣，過低或過高的水溫也會使排氣現象沒那麼明顯。因為不同焙度的咖啡需要的悶蒸時間、水溫不同，任何變化或多或少都會帶來差異，雖說穩定是需要追求的目標，但手沖咖啡的樂趣在於觀察變化、發掘不同結果的過程，不需要操之過急，享受就對了！

沖煮

036 萃取
Extraction

將咖啡豆的美好留在杯子裡

如果有留意食品包裝上的標示，常會看到「萃取物」這樣的成分，在食品工業中，**「萃取」**是一種利用溶劑將食物中的成分分離出來的技術，聽起來很化學，不過像泡茶或沖咖啡的過程即是將茶葉及咖啡豆中的物質萃取出來溶解於水中，而我們飲用的部分可以說是它們的萃取液。

萃取得當就能獲得一杯濃淡合宜的咖啡。好不好喝其實每個人心中自有定見，比較困難的在於能找到最完美的煮法，並且每次都能精準地控制各項變因、煮出相同的好味道。歐洲精品咖啡協會（SCAE）曾提出一個「金杯理論」（Gold Cup），對「好咖啡」的定義提出比較明確的量化標準：一杯理想的咖啡，萃取率應介於18%到22%，且濃度介於1.2%到1.5%之間。**「萃取率」**指的是咖啡粉所含物質被溶解到咖啡液體中的比例，濃度則是咖啡液體中含有固形物的比例，雖然兩者的確可以透過公式計算和儀器測量取得數據，對一般人而言卻未免太過於大費周章，因此自行沖煮時通常會從研磨度、粉水比、流速、水溫和萃取時間等幾個向度進行觀察和調整來達成平衡（前提是咖啡豆新鮮且經過充分養豆）。

如果擔心萃取過度造成咖啡過於苦澀，最直接的方法就是將咖啡磨粗一點或是沖煮時間縮短一點，磨得越粗，水流速度越快，咖啡粉和水接觸的面積也較少，萃取率就會降低，但影響水流的不僅有研磨度，包括濾杯形式、沖煮手法都需要納入考慮；至於粉水比例與水溫，不同咖啡、不同焙度都有建議使用的數值，但這些數字並不是鐵律，畢竟適合自己的才是好咖啡，在煮咖啡的過程裡盡情探索才是樂趣所在。

沖煮

萃取
18-22%

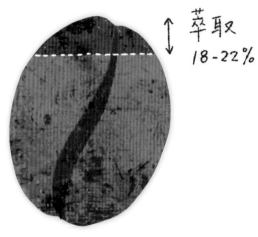

濃度
1.2 - 1.5%

037 沖煮比例
Brew ratio

淡嚐濃飲總相宜

　　煮咖啡的有趣之處在於可以透過控制某些條件來調整成品的風味，但一杯普遍認為好喝的咖啡還是有一定標準，是經過前人不斷實驗、杯測才能得到近於「公式」的做法。在有這些軌跡可依循之前，所有變數排列組合起來，讓人簡直需要碰運氣才能煮出還不算難喝的咖啡。其中，沖煮時所需要的咖啡粉和水的比例（通常簡稱為**「粉水比」**）與咖啡濃度有最直接的關聯，如同烹飪有其合理的配方比例，過與不及都可能令整道菜失了色。

　　濃縮咖啡、浸泡式或手沖適合的粉水比都不同，以手沖而言，粉水比一般是以沖煮需要用的水來計算，例如15克的咖啡粉以1：16沖煮，需要添加240毫升的水；有些沖法是快結束前留下一點尾段的水不滴完，或是有的人習慣看下壺刻度代替電子秤量測，則會以最終萃取量為準。在其他條件穩定的前提下，可以依據粉水比改變沖煮量，也可以透過調整比例改變咖啡濃度，常見的比例在1：12到1：18之間，通常焙度越深，或是喜歡濃厚口感、帶堅果和巧克力尾韻的，可以減少沖煮水量，相反地，若想享受一支淺焙豆帶來的花果香和酸質，則適合增加水量以品嚐更細緻的風味。

　　雖說如此，在廣闊無垠的咖啡世界裡，永遠不乏偏好特殊或有實驗精神的玩家，嘗試去顛覆既有的概念，創造令人驚艷的味覺感受，比起找到屬於自己的配方，是否要依循所謂的完美比例似乎不見得是必要的選項。

粉水比

15克

240ml

×16杯

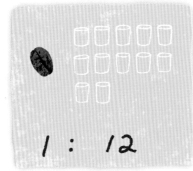

1 ： 12

味道較濃

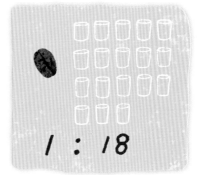

1 ： 18

味道偏淡

沖煮

038 流速
Flow Rate

有穩定的速度才有穩定的品質

「流速」指的是沖煮咖啡時水流通過粉層的速度，水在粉層停留的時間越久，萃取出的物質越多。造成流速不同主要可以分成三個面向探討，其一在於咖啡粉研磨的粗細，粉磨得越細能容納水流通過的孔隙越小，就像河流中泥沙多的位置會比礫石多的位置容易發生沉積，不過即使磨得再粗，還是有可能因磨豆機品質不佳導致研磨不均而產生細粉堵塞通道，要求較高的咖啡師甚至會先將細粉篩去後再沖煮，以避免萃取過度。

其次與沖煮手法有關，不同流派發展出不同沖法，有的從頭到尾以細水流完成、有的提倡分段萃取、有的會大動作翻攪粉層避免細粉全部堆積在底部……，人會有其偏好，但這些手法並沒有優劣之分，只有哪種咖啡豆是較合適的，更重要的反而是能夠得心應手地靈活運用這些技巧，達到自己想要的目標。

第三則是器材，包括手沖壺、濾杯、濾紙等，現在市面上有各種濾杯結構被研發出來因應不同咖啡需要的流速，包括所謂的梯型或錐形濾杯、傾斜角度、是否有「肋骨」（濾杯內側用來提供水流路徑的條狀凸起）、肋骨的長短和走向、甚至使用的濾紙等等，因此若是看到咖啡師備有好幾組沖煮器具也不需要覺得奇怪，其實它們各有各的長處呢！

剛開始練習手沖，在還沒掌握到手感之前，很容易會因為擔心萃取過度而盲目地加快沖煮速度，卻忽略了其他調整的可能性，導致結果還是差強人意。雖然如此，手沖咖啡向來沒有標準途徑，透過不斷實驗找到答案帶來的不僅是一杯好咖啡，更有滿滿的成就感。

沖煮

浸泡式、滴濾式
Full Immersion vs. Pour-Over

今晚，想來杯沉穩還是淡雅的咖啡？

　　咖啡文化演變至今，不同品種、處理法、烘焙度等等造就千變萬化的風味組合，烹調方式也不再只是古老的磨碎煮湯，而是配合各式咖啡所需和個人喜好變化不同的萃取手法。浸泡和滴濾看起來似乎是很複雜的兩個詞彙，但若是玩過法式濾壓壺和手沖，就必定不陌生了。

　　「浸泡式沖煮」的概念非常簡單，就是將咖啡粉在熱水裡浸泡幾分鐘的時間（使用冷水則成為冷萃，但需要更長的時間，通常是幾個小時），等到裡面的物質萃取出來即可享用。這個方式需要比較長的時間進行萃取、並使用研磨度粗的咖啡粉避免物質釋出過快，其好處在於和其他沖煮法比起來，過程相對平均且和緩，只要時間、粉水比掌握得當，每次沖煮的咖啡風味會較為一致，然而由於不需要精準地掌控各項參數，不同咖啡的個性很難凸顯出來，當然如果不是那麼講究或者不想花太多時間鑽研，這是比較省事的做法。

　　「滴濾式沖煮」則是一種將水流注入咖啡粉，當水滲透咖啡粉時，萃取出其中的物質滴落於容器裡的方式，常見的手沖咖啡就是利用滴濾的原理製作。用滴濾式沖煮，水和咖啡接觸的時間不會太長，且經過重力的衝擊，可以凸顯出更豐富的、屬於咖啡個別的風味，但要維持沖煮穩定的難度相對較高。比起手沖，同樣屬滴濾式的冰滴咖啡就沒那麼複雜，冰塊融化成水，經過流速調節緩慢地滴入咖啡粉，長時間低溫萃取讓咖啡的濃度和咖啡因較低，少了苦澀的甘甜感而受到不少人喜愛。

沖煮

浸泡式

水

咖啡粉

濾紙

濾杯

滴濾式

040 加壓式
Press Out

壓力，成就咖啡的美味

　　要獲得一杯咖啡，最簡單的方式就是將咖啡粉浸泡在水裡，萃取出其中的物質，若想喝到一杯厚實而濃郁的濃縮咖啡，就非得藉由壓力的幫助才能達成，利用高壓使熱水快速通過咖啡粉，以得到濃度非常高的萃取液體，當壓力和水溫夠高，咖啡中的油脂及二氧化碳也會被釋放出來，在液體上形成一層金黃或淺褐色的泡沫層，稱為「咖啡油脂」（Crema），這就是為什麼無論浸泡式或手沖咖啡都看不到Crema的身影。

　　這裡所說的壓力以大氣壓（即大氣層中空氣的重力，海平面的平均氣壓為1大氣壓）為單位，通常用義式咖啡機製作濃縮咖啡需要9大氣壓的壓力，以約90～95℃的水在25到30秒之間萃取而成，為了在短時間內達到充分萃取，必須將咖啡粉磨得極細並填壓在沖煮把手內形成緊密平整的粉餅，才能確保壓力通過時不會過快或不均勻。因為可以快速、大量地完成，品質也比手沖穩定一致，絕大部分的餐廳或咖啡店會選擇提供濃縮咖啡給顧客。

　　如果覺得在家裡擺一台義式咖啡機太過奢侈，卻仍想喝濃縮咖啡，可以考慮體積相對小、沖煮方式也較為簡單的「摩卡壺」，與義式咖啡機不同的是，它以直火加熱壺裡的水，產生水蒸氣增加底部壓力將水往上推，這種方式製造的壓力沒有義式咖啡機那麼強，因此雖然煮得出濃縮咖啡的厚實，卻煮不出Crema層。或者也可以嘗試有針筒外型的「愛樂壓」，它結合加壓和浸泡萃取並以濾紙過濾，不需要太多精力即可以隨意調整研磨粗細或粉水比，沖出乾淨的風味或近於濃縮咖啡的口感。

041 冷萃與冰滴
Cold Brew vs. Ice Drip

低溫萃取咖啡滋味堪比瓊漿？

　　天氣炎熱，高溫變得難以忍受，這時除了冰鎮濃縮咖啡，不妨也試試爽口的冷萃咖啡，雖不走厚重路線，卻也絕非淡得失了滋味。

　　冷萃（Cold Brew）與冰滴（Ice Drip）都是以低溫且長時間來萃取出咖啡液體。由於咖啡中的許多物質需在高溫下才能完整萃取，包括手沖、義式濃縮等沖煮方式，大多強調水溫與風味之間的關係，然而這些因子溶解於熱水中帶來的酸質與苦澀感，也讓不少人對咖啡卻步。低溫使被萃取出來的物質減少，降低這些相對不討喜的因素，而多了類似果茶的清甜，卻也因此需要比高溫萃取更長的時間才能得到濃度恰好的咖啡。

　　最初的**「浸泡式冷萃咖啡」**（又稱冰釀咖啡）為1964年一名化學工程師陶德‧辛普森（Todd Simpson）因在秘魯喝到當地的冰咖啡深感喜愛，為了降低咖啡對腸胃的傷害而發想。冰釀咖啡如同冷泡茶一般直接以冷水浸泡咖啡粉，冷藏8至14個小時而成，製作方式簡便且像手沖一樣可從顆粒粗細、萃取時間、粉量等調整喜好，無論懶人或實驗家都很適合。

　　「冰滴咖啡」在日本已有數百年的歷史，因此也被稱為京都風咖啡（Kyoto-Style Cold Drip），作法是將冰塊融化的冰水滴入咖啡粉，經過數小時收集滴濾的咖啡萃取液後再冷藏1到5天熟成，經過熟成發酵使咖啡濃郁外還多了酒香。由於製程耗時，一次的產量較少，售價普遍略高，但市面上已有可自製的器具，讓在家享受冰滴咖啡不再那麼遙不可及。

　　近年流行的**「氮氣咖啡」**則將氮氣以高壓填充至冰咖啡（美式、冰釀或冰滴都有人用），使表面浮著一層啤酒般細緻綿密的氣泡，並帶有如氣泡水的口感，成為消暑的另一種選擇。

沖煮

冷萃

冰滴

042 膠囊咖啡
Coffee Capsule

因應匆忙生活步調的產物

一顆顆彩色像巧克力糖的包裝很是吸引人，且輕巧時尚的外型與簡便的操作方式符合現代人的生活型態，讓膠囊咖啡很快地深入許多家庭、高級旅宿業及辦公場合。膠囊咖啡的構想源自於70年代瑞典雀巢咖啡的工程師艾瑞克‧法弗雷（Eric Favre），他在一次義大利的旅途中，從一間咖啡店萃取濃縮咖啡的方式獲得靈感，而有了這項只用一顆略大於奶精球的膠囊，即可於短時間內沖出一杯單人份濃縮咖啡的發明。

「**膠囊咖啡**」將咖啡預磨成粉並密封在膠囊內，取代自行磨豆的過程，咖啡機以高溫高壓的水流穿過膠囊中的咖啡粉後，萃取出濃縮咖啡。各家的膠囊大小、種類甚至萃取方式都不盡相同，好處是使用者在依自己的喜好挑選咖啡機後，不需要太多空間屯放保存時間偏短的咖啡豆，就可以喝到各種咖啡；也有機型附上奶泡機，讓拿鐵、卡布其諾等飲品在家就能從容地完成，對想省時省力的人而言，無疑是個經濟的選項。

然而快捷方便向來需與環保拉鋸一段時間才能取得平衡，膠囊咖啡即是如此，由於膠囊通常使用塑膠、鋁等材質製成且用完即丟，無法重複利用，對地球造成了一定的負擔。克里格咖啡機（Keurig）的創辦人之一約翰‧希爾文（John Sylvan），他發明的K-Cup即是以契合美國人口味的滴濾式咖啡著稱，更有茶類、可可等選項，但他也為了製造出成千上萬難以回收的塑膠垃圾而懊惱。發現這個問題後，許多品牌試圖做出改善，除了鼓勵消費者回收使用過的膠囊外，也開發可重複使用或可被分解的膠囊，以期降低對環境的傷害。

沖煮

043 通道效應
Channelling

萃取不均勻？從咖啡渣看端倪

　　自己沖煮咖啡，難免會遇到走味的時候，特別是明明看起來操作、各項數值都沒什麼問題，卻還是萃取出一杯過淡或咖啡油脂顏色不均的咖啡，然而魔鬼通常藏在細節裡，也許可以確認是不是哪個環節沒注意而發生了「通道效應」，使得萃取出來的咖啡濃淡難以掌控。

　　「通道效應」其實是萃取咖啡的過程中很容易出現的問題，由於水在流動時會慣性地往阻力比較小的地方尋找通道，當填裝咖啡粉時，發生布粉厚薄不一、壓粉時施力不平均、咖啡粉裝得過少或過多，或是手沖的速度和手法不穩定，都容易讓水集中至某個位置流出，其他部分卻沒有得到足夠的萃取。從義式咖啡沖煮完的粉餅上明顯的小洞或凹陷、手沖濾紙頂端殘留過多快風乾的粉牆，或是咖啡粉幾乎沉積在濾紙下方（可能部分的水已流至旁邊濾紙與咖啡的連接處），這時若嚐一口咖啡，滋味確實不如預期，幾乎可以判斷是通道效應惹了禍。

　　要如何才能夠避免通道效應？如果是煮濃縮咖啡，使用規格合適的壓粉錘並確保壓粉力道平均、壓出來的粉餅平整緊實，水流便不容易流向比較低或鬆散的位置，此外，萃取前先用少量水浸濕咖啡粉餅，就像手沖前的悶蒸步驟，讓咖啡粉更為密實，粉餅中所含的水分也在承接高壓時有緩衝的作用，而降低通道效應發生機會。手沖的話，可以在注水之前先輕敲濾杯讓裡面的咖啡粉鋪平，或者改變注水方式，盡量避免水流沖到濾紙，以及攪動水流分散咖啡粉，確保所有顆粒都受到均勻萃取。

044 水
Water

一杯咖啡裡最容易被忽略的要角

在任何飲品中，水都占很高的成分比例，因此只要對風味與口感有所追求，水就是必須掌握的一大因素，否則無論器材與原料再高級，少了對水的認識，往往失之毫釐差之千里。

「**水質**」對咖啡會造成什麼樣的影響呢？不同地區的天然水中含有各種不同比例的礦物質如鈣、鎂、鈉等等，礦物質含量較高的水稱為「硬水」，而礦物質含量較低或不含礦物質的水，例如經過RO逆滲透處理過的水稱為「軟水」。大部分人喜歡以軟水作為飲用水，然而當咖啡中的酸、酚類等化學物質與水中的礦物質結合之後，會產生不同的反應與萃取度，進而使咖啡更有層次或其他口感與風味上的變化，因此若水中礦物質含量過少，反而可能造成風味較扁平且帶有水感的咖啡。

用來表示水質軟硬的數值為TDS（Total Dissolved Solids，總溶解固體，可以解釋為水中溶解物與雜質的含量），標示的單位是ppm，目前不論是精品咖啡協會（Specialty Coffee Association，SCA）或是大型咖啡賽事，都相當注重TDS，甚至有相關規範，市面上也已有針對沖煮咖啡而研發出能自行調整水質的商品問世。

另一個左右咖啡萃取度的則是「**水溫**」。沖煮溫度會隨咖啡豆的風土特性、烘焙程度、研磨粗細與沖煮時間調整，一般建議介於85～95℃左右，淺焙豆可使用高水溫降低來自原豆的生澀，深焙豆則需要注意是否水溫太高而萃取出過多的苦味。更重要的是，沖煮每支咖啡豆的適當水溫不盡相同，需要依靠咖啡師不斷地測試與累積經驗，藉由控制水溫來變化出各種不同的沖煮手法。

045 咖啡油脂
Crema

濃縮咖啡限定

手上拿到一杯剛煮好的義式濃縮，如果上面浮著一層看起來油亮亮、有點像奶泡的泡沫，是不是會覺得這杯咖啡特別迷人、特別好喝？

這層浮在濃縮咖啡最上層的金黃色或咖啡色泡沫就是所謂的「Crema」，中文翻譯成「咖啡油脂」，但實際上它不等同於我們認知的奶油（Cream），Crema的成分不僅有咖啡中含有的油脂。咖啡豆於烘焙過程中產生的二氧化碳會在磨成粉及沖煮時釋放殆盡，除了一個例外——遇到萃取濃縮咖啡的高壓時。高達9大氣壓的壓力會提升水對二氧化碳的溶解量，而將二氧化碳暫時「儲存」於水中，等到咖啡液體流出機器恢復為正常的壓力，剛才「溢存」的二氧化碳便跑出來，與咖啡中的油脂及一些雜質碰撞並被其形成的薄膜包覆成為細小的泡泡，就成了我們看見的Crema，這也是為什麼無論手沖、浸泡式萃取、冷萃甚至是摩卡壺都難以見到Crema的蹤跡。

Crema出現的時機一方面可能表示生豆富含較豐富的油脂；另外就如同我們會在意手沖時咖啡粉上湧出的氣泡，Crema受到咖啡豆烘焙深淺和研磨粗細的影響，也可以做為咖啡新鮮程度的指標——越新鮮、深焙、細研磨的咖啡豆越容易出現Crema。然而這些顯示著Crema和一杯濃縮咖啡好不好喝是不能畫上等號的，一批品質不佳但是夠新鮮的咖啡豆仍可以產生濃厚的Crema；淺焙的精品豆即使在其他條件符合的情況下也可能產出為量不多的、甚至沒有Crema。因此在使用義式咖啡機、摩卡壺或愛樂壓等咖啡道具時，與其追求Crema，專注在提升咖啡風味是相對更加重要的。

046 慢速沖煮
Slow Brew

你願意花多少時間等一杯好咖啡？

自18世紀下半葉，機械和電力的發明為人類帶來更便利的生活和更高的產能，人類的腳步從此再也難以停歇。工業革命也促使濃縮咖啡機的誕生，讓咖啡在歐洲遍地開花，可想而知，在這種凡事都講求效率的社會氛圍之下，越讓人能快速、輕鬆喝杯咖啡的設計越容易受到青睞，這也是為什麼即溶咖啡、法式濾壓壺、膠囊咖啡機、滴濾咖啡機向來都不缺消費者。只是為目標汲汲營營的同時，身心日漸疲乏，失去了感受事物的能力，再甘美的咖啡也飲之無味。

不過隨著經濟水平提升，生活型態也發生轉變，心靈層面的滿足開始受到重視，慢活成為新時代所嚮往的生活態度，正好第三波咖啡浪潮透過慢煮來彰顯咖啡滋味以及提倡讓身心休息一下（Take a break）的「Fika」與之相契合，成為**「慢速沖煮」**風氣形成的契機。平常很少人會特別提到慢速沖煮，但講到手沖咖啡大家都不陌生——它的前置作業、沖煮所需要的時間比製作一杯濃縮咖啡還要多。其背後蘊含的是從沖煮過程開始建立與咖啡的連結，我們必須了解一支豆子的特性，琢磨適合它的水溫、流速，彷彿對待情人那般細微的互動才能獲得一杯充分展現滋味的咖啡，而且切莫不帶感情地牛飲，唯有放下俗事，用舌尖、口腔、喉間徹底感受它的溫度、氣息和香味，那份專注才能帶來放鬆。

不知從何時開始，Slow Bar成了咖啡店的另一種光景，可以挨著吧檯點一杯手沖，無論和咖啡師交流、近距離觀察沖煮過程，這樣的互動模式拉近了顧客與手上那杯咖啡的距離、令顧客更有參與感、更凸顯出花時間等待一杯咖啡的價值所在。

7

器材

凱梅克斯
ChemexTM

結合工藝美學，增加收藏價值

　　隨著生活水平開始改變，喝咖啡已不僅是咖啡因的刺激或滿足味覺，也進而代表了一個人的品味及美學眼光，如果要從咖啡沖煮器材中選出心目中最具美感的，會是什麼呢？德國發明家彼得‧施倫博姆（Peter Schlumbohm）設計的**「凱梅克斯手沖壺」**（CHEMEX）可能是當代公認最為兼具實用與美感的，除了被伊利諾伊斯理工學院的設計師們讚為「現代社會最好的產品設計之一」，也獲紐約現代藝術博物館（MoMA）、費城藝術博物館、史密森尼博物館等永久收藏。

　　彼得生於1896年的德國，眼見戰役中化學毒氣對人體的傷害後，毅然放棄接手家中的化學事業，取得柏林大學化學博士並移民美國開創事業，他所設計的凱梅克斯結合了「化學Chemical」與「專家Expert」的縮寫，外型也是手沖濾杯和下壺的組合，仿造漏斗與燒瓶的造型以玻璃材質一體成形，腰身由兩片木頭環繞並用皮繩繫住，以避免手持時燙到、也兼具美感。其未使用任何金屬與塑膠，加上受到包浩斯主義影響而呈現簡潔、強調功能性的設計，在時值二戰、物資匱乏的1941年申請專利上市後廣受推崇。

　　和一般手沖壺不同的是，凱梅克斯的出水口為一管狀通道，這條通道能引導沖煮咖啡時產生的熱氣，避免萃取不均，萃取完的咖啡也能輕易從通道倒出。而凱梅克斯專用的濾紙也不同於我們平常用的濾紙，其紙質密度更小且更為厚實，因此價格也相對較高，然而加厚的紙張有助延長萃取過濾的時間，將大部分雜質及漂浮物濾除，讓萃取出來的咖啡口感乾淨、均衡而能保持飽滿。

器材

048 法式濾壓壺
French Press

既是茶壺，也是咖啡壺

　　如果是新手或者不想花太多時間、經費投資在咖啡上，擁有一支**「法式濾壓壺」**是個經濟的選擇。在台灣比較常被稱為沖茶器的它和一整套手沖器具或濃縮咖啡機比起來，價格相對平實且不占空間，更能輕鬆依需求調整沖煮容量，而現在甚至還延伸出打奶泡的用法，讓這個看似不起眼的家常用品更顯得不容小覷。

　　早在1852年，兩個法國的金屬技工和商人就發明了這種以活塞過濾咖啡的裝置，這個過濾裝置為圓柱形金屬容器，容器中有一根可以活動的桿子，底部連著一片有孔洞的錫片，上下各夾著一層法蘭絨，只要將活塞向下壓，湧上來的就是清澈的、已過濾好的咖啡。不過較接近現在所看到的版本是直到1929年才由義大利人取得專利，並花了幾年的時間加以改良，為金屬片加上彈簧，確保金屬片得以在壺內水平移動，咖啡渣不易從縫隙滲出。

　　法式濾壓壺的自由度很高，多嘗試幾次後就算不精準，沖出的咖啡也不會太差，但若想講究一點，沖出更美味的咖啡，一樣需要留意水量、水溫、粉量、萃取時間和研磨粗細之間的關係。法式濾壓壺屬於浸泡式萃取，也就是時間越長會萃取出越濃的咖啡，因此一般建議不要將咖啡磨得太細避免過萃；除此之外，法式濾壓壺本身不需要濾紙，在過濾的時候可以保留一定程度的咖啡油脂讓口感比較濃厚一些，但過細的咖啡粉就無法完全濾除而導致咖啡帶有雜味或飲用時帶有沙沙的口感，這時除了調整研磨度或在濾網上夾一張濾紙，可以多比較不同廠牌的濾壓壺，不同廠牌的濾網孔隙也有些許差異。

法式濾壓壺

① ② ③

049 摩卡壺
Moka Pot

在大自然圍繞下烹製濃縮咖啡的浪漫

　　這支造型有點工業風的**「摩卡壺」**，有著容易令初次聽聞的人誤以為可以用它來煮出充滿甜膩可可香的摩卡咖啡（Mocha）的名字，但實際上它煮出來的咖啡就和它的外表一樣充滿陽剛氣息，口感濃烈近似濃縮咖啡。使用摩卡壺需要加熱，但因為其輕巧便攜的特性，許多熱衷戶外活動的人會在登山、露營的時候帶上它，如此即便到了野外也能享受到一杯現煮咖啡。

　　19世紀初，廚具公司比亞樂堤（Bialetti）的創辦人義大利人阿方索・比亞樂堤（Alfonso Bialetti）與路基・德・彭堤（Luigi De Ponti）觀察到當地婦女洗衣服所使用的洗衣機，利用鍋爐的蒸氣壓力將加熱的肥皂液從底部吸上來清潔衣物，產生了將這個原理應用於煮咖啡的構想，經過多年研發，終於在1933年推出了摩卡壺。

　　一支摩卡壺的構造主要分成三個部分：裝水的下壺、裝咖啡粉的粉槽以及承接萃取完成咖啡液的上壺。下壺有一個洩壓閥，當內部壓力過大會從這個閘口排出，因此水位不能高於閥口；咖啡粉填進粉槽後輕敲維持均勻但不需刻意壓實，將上緣多餘的粉刮去並整平即可；加熱時不同的壺可產生約1.5到3大氣壓的蒸氣壓力，雖遠低於萃取濃縮咖啡需要的9大氣壓而無法獲得咖啡油脂，萃取出的咖啡口感已十分相近。

　　其實義式咖啡機發展的歷史比摩卡壺還要早很久，但因為摩卡壺的出現，讓濃縮咖啡得以深入尋常百姓家，雖然兩者孰優孰劣在各自的擁護群中仍有爭論，不過從咖啡器具演化至今來看，其存在的某些缺點已經逐漸達成平衡，適合自己、能煮出好咖啡才是首要考量。

上壺

粉槽

洩壓閥

下壺

050 濾杯
Basket

為手沖咖啡創造更多可能性

　　過往若要煮咖啡，除了義式濃縮這種需要特殊器材來完成萃取之外，各地大部分都仍直接將咖啡粉置入水中加熱，這麼做固然可以煮出濃郁的咖啡，但過萃、萃取出來的液體帶有渣滓而會影響口感，也是必然伴隨的缺點。直至20世紀初期，一名德國婦人美利塔・班茲（Melitta Bentz）意識到這個問題後便著手研究改善，她在金屬罐上以釘子戳出數個孔洞，裝進兒子的作業簿吸墨紙後烹煮咖啡，結果比用傳統濾布煮來得乾淨而無雜味。這款裝置於1908年取得專利，她也成為爾後在咖啡界有一席之地的品牌——美利塔（Melitta）的創辦人，其廣為人知的錐形濾杯在1937年問世。

　　現在市面上為何會出現各種不同款式的濾杯？由於目前咖啡種類和風味實在太多，各自適合的萃取程度都不盡相同，為了因應各別的需求，各家不斷在材質、構造上作出改革，才造成這種想品嘗不同咖啡可能要擁有好幾支濾杯的局面。

　　挑選濾杯可以從外型上判斷適合自己使用的形狀、溝槽和材質。較常用的濾杯形狀可概略為「錐形」、「扇形」（或稱梯形）和濾紙像杯子蛋糕的「蛋糕形」三種，杯壁上有為水流和空氣製造通道的溝槽（大部分是在杯壁上作出凸起被稱為「肋骨」的線條，或直接在造型上作出溝槽），以創造不同流速、排水性；濾杯的材質包括陶瓷、玻璃、銅製、不鏽鋼、塑膠等等，主要影響保溫程度和流速。選擇時取決於希望咖啡豆呈現出什麼樣的特色，清爽或厚實、明顯的甘甜或強調風味等。至於第一次嘗試手沖，可以先挑選沖煮失敗率低的濾杯，等技巧純熟後再追求風味的變化。

Melitta
咖啡濾杯
誕生於 1908年

圓錐形濾杯

扇形濾杯

鑽石濾杯

波浪形濾杯

051 虹吸壺
Syphon

升降之間的華麗演出

　　「**虹吸壺**」（也稱為賽風壺或真空壺）源自1830年的德國，歷經多年的演變與改良，在手沖、義式咖啡、膠囊咖啡興起的新時代仍然風行於國際間，而台灣對虹吸壺的著迷，則源自於日本引進咖啡文化所造就的一波潮流。其像是科學實驗儀器的外觀及沖煮時液體流動的過程，往往在喝到咖啡前就先讓人一享炫目的視覺體驗。

　　虹吸壺主要的構造分為可拆解的上壺（其中包括導管、濾紙或濾布）、下壺以及加熱用的火源（酒精燈、鹵素燈、瓦斯爐等等），沖煮的原理是使用下壺將水煮沸，水蒸氣產生的氣壓造成虹吸現象，將熱水透過導管推至上壺與咖啡粉混合進行萃取，完成時停止加熱，失去水蒸氣的壓力之後，咖啡將會透過上壺底端濾紙或濾布回流至下壺，再將咖啡倒入杯中即可飲用。

　　相較於擅長清亮口感的手沖咖啡，以全浸泡式加上直接加熱萃取的虹吸壺，更能展現出咖啡本體的濃郁風味，透過水溫、沖煮時間、咖啡豆研磨度等變因以及萃取時加入攪拌的技法，能夠呈現不同豆種及烘焙度的甜感、香氣與油脂等等富有層次的風味，相對來說，在技術性的掌握上更為複雜，也因為虹吸壺為玻璃材質，在直火加熱的過程與事後清洗時，容易因為受熱不均或錯誤的清潔方式造成損壞。

　　隨著精品咖啡的出現，迎合飲者對口感的追求，咖啡師也不斷發展出虹吸壺更加細膩的沖煮技巧，同時也嘗試許多不同材質作為虹吸壺的過濾部件，例如鋼材、陶瓷等等，除了改變流速之外，也能夠保留更多咖啡油脂，達到更加厚實圓潤的口感。

器材

052 愛樂壓
Aeropress

隨時隨地壓一杯咖啡來享受吧

　　一位美國發明家兼工程師艾倫·阿德勒（Alan Adler），他的公司愛樂比（Aerobie）以生產創下「最遠投擲物體」世界紀錄的飛盤聞名。在一個偶然的情況下激起了對「如何將繁複的咖啡沖煮過程與器材簡化，同時又能沖出美味咖啡」的思考，經過近十年的研究改良，終於突破許多原本在咖啡沖煮上的限制，於2005年發明出風行咖啡界的「**愛樂壓**」。

　　愛樂壓的外觀如同一個由壓筒、壺身與放置濾紙的濾蓋組成的巨大針筒，以手推壓壓筒製造壓力來萃取咖啡。沖煮的方法極其容易，只要將咖啡粉倒入裝有濾紙的壺並搖勻以防止熱水通過粉體的速率不平均，注入熱水稍微攪拌後塞入壓筒壓到無法再推時，即完成一杯口感接近濃縮咖啡的愛樂壓咖啡，也可以加入熱水、牛奶等製成各式飲品。

　　由於沖煮過程中施加了壓力，可以使用如煮濃縮咖啡一般研磨較細的咖啡粉，萃取時間縮短之餘，水流通過粉層不像滴濾式會造成阻塞，為了避免過萃，沖煮水溫只需約80℃即可，除了操作簡便、材質輕巧便攜，也解決在戶外或旅行時水溫難以維持的問題，隨時隨地品嘗到口感甘醇渾厚的咖啡變得非常容易，就算是新手也不需為沖一杯咖啡手忙腳亂。

　　愛樂壓本身的自由度相當高，無論萃取方式、粉水比、水溫、萃取時間、下壓時間、攪拌方式甚至正壓或倒壓都可以隨喜好調整，而不至於沖煮失敗；同時具備滴濾式、虹吸式及義式濃縮的特性，也給熟悉各種沖煮技巧的人更多發揮創意的空間。愛樂比看準了愛樂壓具備這種可玩性與話題性，每年舉辦世界愛樂壓大賽（World Aeropress Championship，W. A. C.），供玩家挑戰各種變化，也寓推廣於娛樂。

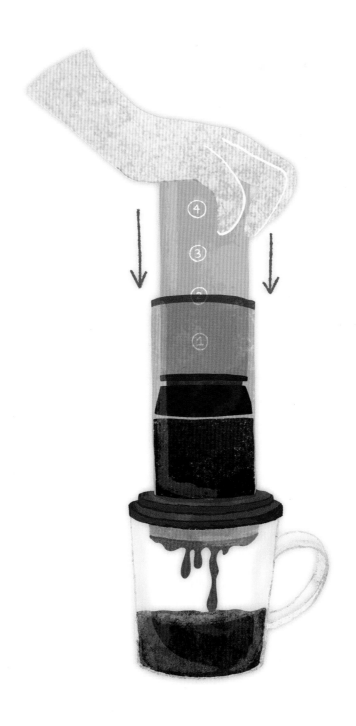

053 磨豆機
Grinder

取代人力讓咖啡研磨更精細

一旦進入咖啡的世界，從享受別人的服務進階到凡事都要自己動手，總不免要添購一些器材，其中不管往哪個領域鑽研都一定要入手的，大概非磨豆機莫屬了，倘若沒有一台自己的磨豆機，每每買咖啡豆都只能請店員代磨，然後趕在保存期限內品嘗完畢，不能隨心所欲地實驗、調整，雖然稱不上麻煩，卻彷彿少了點什麼。

在尚未發明磨豆機之前，咖啡都是如何被食用的呢？人們在最初發現咖啡、尚未懂得烹煮或乾燥時，是將果實以杵臼搗碎，混合一些油脂作為隨身口糧，到了後來，咖啡演變成飲料，壓碎咖啡豆的器材大致沒太大變化，只是由搗碎改為碾壓，這個「磨」的動作奠定了日後磨豆機的基礎。那如果家裡沒有磨豆機，想用敲的、用碾的、用處理一般食材的打粉機來取得咖啡粉是不是可行？這要考量到想要沖煮出好喝的咖啡，關鍵在於萃取均勻，而其中一個要素是咖啡粉顆粒需粗細一致——顆粒越細，接觸水的表面積越大，可以萃取出越多物質，萃取不均會造成煮出來的咖啡太苦、太淡或是應該突出的風味沒展現出來。因此除非對咖啡的要求不是很高，準備一台磨豆機可以省去很多麻煩。

在挑選磨豆機時最需要留意的就是刀盤的差異，不同刀盤磨碎咖啡豆的機制也不同，目前主要可以分為平刀、錐刀和鬼齒刀等三種（參閱P.128），各自有其優缺點，可以展現出咖啡不同的風味特質。看起好像很複雜，終究還是要回過頭來問自己追求的是什麼，再依據需求做出揀擇。

054 刀盤（電動式）
Burr-Based

好咖啡也要有適合的研磨方式

　　自己煮咖啡，一台好的磨豆機可能會比一支好的手沖壺重要，畢竟手沖壺的不足可以靠技巧補足，品質不好的磨豆機卻無法磨出能煮美味咖啡的咖啡粉。在挑選時，除了留意是否容易快速產生熱能而加速了咖啡粉的氧化，另一個重點在研磨出的顆粒均勻程度；至於電動磨豆機的刀盤，則牽涉到沖煮的咖啡類型、想呈現的風味，以及沖煮技巧的掌握度，較多人用的有平刀、錐刀和鬼齒三種。

　　「平刀磨豆機」中有兩片平行的刀盤，以「削」的方式將咖啡豆切成片狀，片狀顆粒有助提升萃取率，令咖啡的香氣能在短時間內展現出來，無論是層次和風味都更為鮮明。但由於豆子下墜的推力會影響研磨均勻度，並容易產生細粉造成萃取不均，咖啡本身或沖煮過程若有問題也會因此被突顯出來，因此想享受平刀機帶來的豐富滋味，得多花些力氣練習並調整其他方面來彌補。

　　「錐刀磨豆機」由一組錐型刀盤和外環刀盤組成，咖啡豆從上方進入機器後透過錐型刀盤旋轉「碾壓」成不規則塊狀。塊狀顆粒會把需要的萃取時間拉長，導致沖煮過程中，前期的萃取率較片狀顆粒略低，風味表現相對圓潤平穩，且由於錐刀磨出來的顆粒均勻、細粉比例較少，不容易產生雜味或澀味，適合用來沖煮義式濃縮咖啡。

　　「鬼齒磨豆機」以刀盤上布滿像牙齒般的凸起而得名，兩片刀盤可以將咖啡豆磨成近圓球狀的顆粒，粗、細粉的比例平均，因此萃取出來的咖啡口感偏立體而飽滿，不過這種較為乾淨的風味表現並不是人人都可接受，對部分玩家而言喝起來像是經過修飾，個別特色反倒難以盡顯。

平刀

鬼歯刀

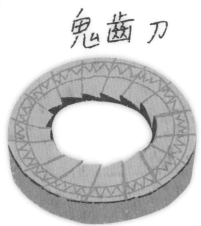

錐刀

055 烘豆機
Roaster Machine

藉機械的力量焙出咖啡香

　　想知道一支咖啡豆品質如何，除了了解它的品種、來源等生產履歷以及採用的乾燥方式，經過什麼樣的烘焙、烘焙手法等，都是一門值得鑽研的學問。咖啡大致的風味輪廓可以從乾燥階段之前就判斷出來，烘焙則決定了咖啡最後會呈現的樣貌，再經由沖煮的手將其綻放出來。近年來，越來越多非營業的咖啡愛好者意識到烘焙為咖啡帶來的多樣性，開始嘗試自行烘焙生豆，該用什麼設備烘豆就成為第一個要煩惱的問題。

　　有些人在考量種種理由後，選擇以鍋子手炒咖啡豆，除了相對省錢、省空間，在精神層面上也傳達出一種人與咖啡豆之間的交流。其實古代的人們剛意識到烘焙咖啡這件事，就已嘗試以平底鍋大火加熱咖啡豆，並用湯匙不停翻攪來確保「烘焙」平均，然而明火加熱難以掌控細節是不爭的事實，炒豆過程產生的煙塵和飛揚的銀皮也讓場面更加混亂，在這種情況下，很難追求更好的風味表現，因此到了17世紀出現了滾筒式烘豆機，未完全封閉的滾筒上有可供轉動的把手，火源則從底下加熱，咖啡豆經由轉動能得到更為均勻地受熱。

　　時至今日，烘豆機已發展出各種形式，像是直火或電熱；電動、全自動或手動；滾筒式、鼓式或流床式……除了挑選功能符合需求的機型，最主要的差異在於熱能傳遞方式，也就是所謂的熱傳導、熱對流和熱輻射，不同傳遞方式結合不同豆子的熱源穿透能力，相關指數都會影響烘焙結果，但這並不表示烘豆機有優劣之分，反而可以透過不同機器測試出相應的烘焙曲線，進而發展出適合每支咖啡豆的風味。

056 手沖壺
Pour Over Kettle

以手沖感受咖啡細微的變化

　　手沖咖啡由於能夠隨著沖煮手法、使用器材的不同,展現出變化多端的風味,即便對沖煮技術的要求較高,優雅而帶有一點神祕感的形象仍吸引許多想嘗鮮的人入坑。然而這門看似高深的學問並非一開始就這麼細緻,在二十世紀初,德國人發明濾紙和凱梅克斯咖啡壺時,手上所持仍是一般家用的水壺,所謂的「滴濾」竟是手沖咖啡輾轉到了日本後,日本人發揮了一貫的職人精神,逐步將沖咖啡的流程系統化、精緻化,甚至發展出不同流派,並設計出各式因應不同需求的手沖壺、濾杯等等。

　　手沖壺最讓人印象深刻的特色就是它有細長的S型壺嘴,注水時涓細悠長的水流從壺嘴流出,緩慢流淌在咖啡粉上看起來相當有氣氛,但這個設計可不只是美觀,而是為了控制水流,因為滴濾的原理不同於浸泡萃取,水流穿過咖啡粉層的快慢強弱都會影響對咖啡粉的擾動程度、萃取效果。所謂細嘴、平嘴、鶴嘴、大嘴鳥等差別在於注水方式,有S型壺嘴的細嘴壺可以沖出很細的水流,也容易控制穩定度,是新手也適合的大眾款;有的壺控制水流自由度較高,可依咖啡種類和想呈現的口感隨意調整,但也相對需要更精湛的控水技巧。

　　不過,市面上手沖壺實在太多款式,姑且先不論壺嘴,造型、材質的變化也多到令人難以抉擇,挑選時不妨到現場感受一下不同的手感,畢竟拿得順手才有利於更精細地掌控水流,其次,是在允許的情況下觀察垂直落水和出水穩定度,至於保溫效果、握把是否燙手、有無擋水片、電熱、外觀質感……等則依個人偏好和需求去選擇即可。

器材

057 V60與Kalita波浪濾杯
V60 vs. Kalita Wave

日本人遇上手沖咖啡時擦出的火花

　　手沖咖啡的樂趣除了沖煮手法的變化之外，也可因選擇不同壺具和濾杯而影響咖啡口感與香氣的呈現，特別是濾杯透過材質、構造等等不同設計，在流速與注水的狀態上各有不同的特色。市面上的濾杯選擇千百種，其中日本HARIO的V60錐型濾杯及Kalita的波浪濾杯以其專利造型在功能上的創新，與扇形濾杯並列最常被使用和討論的三種基本款濾杯。

　　「V60」的名稱來自於其設計的杯壁傾斜60度角，並採用單一大濾孔來提高沖煮時的流速，搭配螺旋型脊骨在濾紙與濾杯之間提供利於咖啡接觸熱水後舒展的空間，增加水粉的交互作用。由於水與咖啡接觸的時間改變，可避免萃取出過多的苦味，同時沖煮出具有明亮口感的咖啡，不同豆種的酸味及香氣等特色較為突顯，對於新手而言沖煮技術層面影響較低，可在不容易失敗的情況下做各種變化與嘗試，因而V60在近年便成為咖啡師與手沖愛好者必備的一款濾杯，除了陶瓷之外，HARIO也推出玻璃與紅銅等不同的材質供選擇。

　　而「波浪濾杯」（又稱蛋糕型）則是因其使用的濾紙如同杯子蛋糕使用的紙模有許多摺子而得名，濾杯最大的特色在於底部是平的，使得沖煮過程中水粉較能平均接觸，並靠著濾紙的摺痕加快流速避免萃取過度，因此能得到品質穩定、甜感濃厚的咖啡，但相對地，這款濾杯比較難展現咖啡豆各自的風味特性。由於沖煮手法更為簡單，適合不追求多樣及銳利口感變化的初學者使用，只是專用濾紙的售價較其他濾紙來得高，選擇時，勢必也要將價格納入考量。

器材

Hario V60濾杯

Kalita 的波浪濾杯

8

飲品種類

058 濃縮咖啡
Espresso

嚐過苦澀才懂得咖啡的精華

　　每天走進街道林立的咖啡店、便利商店，映入眼簾的品項一定包括了拿鐵、美式、卡布奇諾、焦糖瑪奇朵……，這些都可以統稱為義式咖啡，因為這種喝法可說是由義大利人發揚光大，使用高濃度的濃縮咖啡為基底，佐以不同比例的牛奶、奶泡（當然美式除外），牛奶調和了咖啡的苦澀、令口感更滑順香甜，若再加上繁複華麗的拉花，提神之餘也滿足了視覺、嗅覺和味覺。

　　「**濃縮咖啡**」是經過高溫高壓，在短時間內萃取出大量咖啡豆中的物質，並帶有一層咖啡油脂（Crema），無怪乎義大利人以「Espresso」這個帶有「快速地、壓出來」之意的字來稱呼它，充分表達出製作這種咖啡猶如將其擠壓出來的特性。它的起源或許可以歸功於工業革命，工業革命改寫了歐洲人的產業發展史，蒸汽機的發明讓產能提高之餘，也帶來許多新的可能性，因此包括法國和英國等陸續有人開始思考利用機械和蒸氣來萃取咖啡並設計出各種器具，他們相信如此可以萃取出更多咖啡的精華。1884年，義大利人莫里昂多（Angelo Moriondo）為他「能以蒸氣快速製作咖啡」的機器申請了專利，這台機器已具備現有義式咖啡機的雛型；不過等到萃取咖啡的壓力足以產生Crema，已是1948年賈吉亞（Achille Gaggia）設計出活塞式槓桿彈簧咖啡機的事了。

　　但無論哪一種設計都仍以商用為主，而咖啡廳大多開立在發展蓬勃、商業化的城市，享受濃縮咖啡猶如都市人的權利，其後摩卡壺的發明才使家家戶戶都有能力煮出濃縮咖啡並喝出一套咖啡文化，義大利也成為不產咖啡卻最懂喝咖啡的國家。

飲品種類

-萃取不足-　　-理想萃取-　　-過度萃取-

刺酸味 ── 酸 ── 甜 ── 苦 ── 焦苦味

＜30秒　　　20-30秒　　　＞30秒

059 卡布奇諾
Cappuccino

綿密奶泡下屬於18世紀的那抹棕

　　自濃縮咖啡機發明以來，濃縮咖啡隨著城市發展流遍歐洲的大街小巷，成為人民每天不可或缺的一部分，以濃縮咖啡為基底製成的卡布奇諾，憑著咖啡與牛奶的平衡及綿密奶泡，加上以肉桂粉點綴帶來的層次感，虜獲了許多人的味蕾。

　　18世紀的維也納，已有在咖啡裡加糖和鮮奶油飲用的風氣，鮮奶油與咖啡經過攪拌混合的顏色像極了當時方濟嘉布遣會的修士身上所穿的褐色道袍，因而將這種飲品稱為「Kapuziner」；當這款Kapuziner流傳到義大利，鮮奶油換成了牛奶和奶泡，義大利人沿用了原本的字音，用「Cappuccio」（修士頭上戴著的小尖兜帽）來指稱，如同咖啡上帶有點棕色、突起的奶泡。1948年，「**卡布奇諾**」正式以「Cappuccino」一名在美國舊金山的一篇報導中亮相，顯示習慣喝美式咖啡的美國人正逐漸接收歐洲的咖啡文化，而到了90年代，卡布奇諾已經成為世界上家喻戶曉的咖啡飲品了。

　　一杯正統的「卡布奇諾」裡頭，濃縮咖啡、鮮奶和奶泡的比例是1：1：1，和同樣以牛奶和奶泡調製而成的拿鐵相比，咖啡比例較高，因此喝起來咖啡香會略強一些。像這樣奶含量較多的咖啡，對多數義大利人而言不太容易消化，因此他們會堅持不在早餐外的其他時段或是餐後飲用，這樣的習慣彷彿演變成一種社交禮儀，因此會有「在午餐、晚餐時段或餐後點卡布奇諾很唐突」這樣的說法，雖說罪當然不至此，但入境隨俗，旅遊時還是先了解當地的飲食習慣比較不會失禮。

1 ── 奶泡

1 ── 鮮奶

1 ── 濃縮咖啡

061 摩卡
Mocha

儼然已成為「巧克力」的代名詞

　　儘管現今我們所知咖啡最早的產地通常指的是衣索比亞，然而，相隔一道亞丁灣的葉門也被認為有機會是世界上某些阿拉比卡植株的發源地，至少，它曾經在16世紀鄂圖曼帝國占領時，被打造為歐洲各國的咖啡豆主要生產與輸出國，而輸出地就是這個位於紅海岸邊的港口城市摩卡（Mokha），因此從葉門輸出的咖啡豆大多以摩卡命名，即便它們不見得全部產自於此。這個全世界咖啡貿易被土耳其一手掌握的局面歷經100多年，直至於印度、爪哇等地區成功種植出咖啡後才宣告瓦解。

　　出自葉門、被稱為摩卡豆的幾乎都是阿拉比卡種，種植在乾燥且陽光充足的梯田，至今仍保留傳統的日曬乾燥和有機栽培，以帶有漿果香氣的明亮酸味和明顯的巧克力香聞名。以往這種豆子雖然有先天體質優勢，因為從種植到乾燥都由人工處理，品質難免不穩定；隨著葉門失去咖啡貿易榮景、摩卡港淤積而沒落，這裡產出的咖啡逐漸被忽略，反而激起當地農民致力產出更優良的咖啡以重返國際舞台。

　　我們今日於咖啡店喝到的摩卡，和葉門其實已經沒有什麼關聯，它屬於義式咖啡眾多變化中的一種，一般由濃縮咖啡、巧克力醬以及牛奶混合調製而成，更甚者還會加入奶泡、鮮奶油、巧克力碎片、棉花糖、奶酒等增添口感的繁複性，僅僅因為這款飲品富含巧克力風味，令人聯想起來自葉門也帶著巧克力香的摩卡豆而得名。至於也常被混淆的摩卡壺，有一說是由於最早濃縮咖啡的煮法源自土耳其，義大利人在研發新器具來改善原本費時的缺點時，沿用了摩卡這個音。唯一可以確定的是，摩卡壺是煮不出摩卡咖啡的。

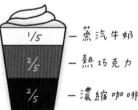

1/5 ─ 蒸汽牛奶

2/5 ─ 熱巧克力

2/5 ─ 濃縮咖啡

062 瑪奇朵
Macchiato

不含焦糖才是正統

　　如果有機會喝到比較正統的**「瑪奇朵」**，請別詫異於咖啡師端上桌的「迷你」尺寸——大約就是一杯濃縮咖啡的分量，差別只在於油亮的咖啡油脂（Crema）中間浮著一朵雲般的奶泡——而這才是義大利人的日常。「Macchiato」這個字聽起來令人充滿義式浪漫的幻想，原意卻是烙印、染色的意思，帶有那麼點這杯咖啡被牛奶所沾染、以牛奶為這杯咖啡做記號的意味。瑪奇朵通常以一份或兩份濃縮咖啡為基底，加上一些奶泡，若有似無地淡去了咖啡的濃烈，給了不甘妥協於酸苦澀的人們一個更靠近濃縮咖啡的理由。

　　然而求新求變的市場怎麼可能會滿足於僅在牛奶、奶泡和咖啡的比例間改變的義式咖啡？於是各種花式咖啡出現在市面上，不僅饗嗅、味覺，更要饗視覺。因而當我們驚艷並耽溺於焦糖瑪奇朵濃到化不開的甜味和焦香，享受它帶來的幸福感，卻鮮少冒出「這是否就是瑪奇朵原來樣貌」的疑問。這款滿滿香草糖漿、濃縮咖啡和奶泡，表層再淋上焦糖醬（偶爾或佐以鮮奶油）的飲品，雖有著類似的名字，實際上已經和瑪奇朵有些距離，我們仍能在啜飲時從層次分明的液體中捕捉到些許咖啡的尾韻，又旋即被其他味覺覆蓋。

　　動輒兩、三百毫升的焦糖瑪奇朵，找個悠閒的午後坐下來，襯著音樂慢慢品嘗再療癒不過，然而在義大利文化裡，像是拿鐵、卡布奇諾這類「重乳系」咖啡可是早餐時段專屬，一過了早餐，義大利人還是習慣由Espresso或瑪奇朵擔任日常生活中提神、談公事或社交的夥伴。

飲品種類

1 —熱奶泡

2 —義式濃縮咖啡

063 拿鐵與咖啡歐蕾
Caff Latte vs. Cafe Au Lait

牛奶取代咖啡成為杯中主角

　　牛奶一向就像是咖啡形影不離的夥伴，在咖啡的強勁和苦澀衝擊味蕾時，用自己的濃郁醇厚去包容調和，而且依人們變換心情和口味，牛奶隨時可以是配角、也可以是主角，因此光是義大利人僅在濃縮咖啡、牛奶和奶泡間的比例做調整，就能延伸出拿鐵、卡布奇諾、瑪奇朵、馥列白……等不同喝法。

　　「拿鐵」（Latte）這個稱呼在大部分的地區幾乎暢行無阻，到了咖啡店只要點拿鐵，毫無意外地將得到一杯200毫升左右、含有大量牛奶、上面浮著一層奶泡的濃縮咖啡，但它其實在義大利文中是「牛奶」的意思，想在義大利喝到正統拿鐵咖啡，請以全名「Caffè latte」稱之，若是向店員點Latte，對方可是會直接端出一杯熱牛奶的唷。

　　「咖啡歐蕾」（Café au lait）則是經典的法式早餐飲品，法國人的家常吃法是在早晨以碗盛裝，拿可頌麵包沾取搭配食用。Lait是法文的牛奶，和義大利文的Latte同源，Café au lait就是在牛奶裡加入咖啡（Coffee in milk）的意思，在台灣還有昂列咖啡、密斯朵（Caffè misto，義大利文「混合咖啡coffee mixed」之意）等別稱。咖啡歐蕾和拿鐵的差別在於，通常使用法式濾壓壺沖出來的咖啡與熱牛奶1：1混合，而且不若拿鐵對比例有那麼嚴謹的要求，因此牛奶的香氣更重一些，調配也更為自由。

　　不過到了台灣，拿鐵和歐蕾的界線有時候已經不是那麼明顯，特別是當這兩個詞彙被沿用到了茶製飲品，同樣的鮮奶茶可以被稱為茶拿鐵、或茶歐蕾時，民眾更難區別這兩者的差異和源頭，而當美味在前，到底誰是誰彷彿也已經不是那麼重要了。

飲品種類

1/6	奶泡
4/6	熱牛奶
1/6	義式濃縮咖啡

1	熱牛奶
1	義式濃縮咖啡

064 維也納咖啡
Viennese Coffee

緩步在音樂之都的單頭馬車

維也納，文化豐饒的奧地利首都，孕育出無數的音樂家、藝術家、文學家，包括莫札特、舒伯特，以及精神分析之父佛洛伊德。這樣一個具備「音樂之都」美譽的都市，有著同樣也讓人迷戀不已的咖啡館文化。當地人對咖啡館依賴的程度就有如家裡的第二個客廳，也因此維也納詩人彼得・艾頓柏格（Peter Altenberg）才有了這句「文青界始祖」般的名言：「如果我不在家，就是在咖啡館；如果不是在咖啡館，就是在往咖啡館的路上。」道盡維也納人與咖啡館間的密不可分。不僅於此，2012年，聯合國教科文組織更正式將維也納咖啡館文化納入非物質文化遺產，與巴黎左岸並列歐陸兩大咖啡館文化。

咖啡館對維也納人而言是可以獨處、也適合三五好友聚會的地方，與其說去喝咖啡，倒不如說維也納人在那樣的環境氛圍下享受一個人或不是一個人的時光，因此大部分咖啡館仍保留備有種類繁多的免費報紙供人閱讀的傳統，當然，也提供了各式咖啡品項和餐食甜點任君選擇。

而較為台灣人所知的「**維也納咖啡**」其實原文叫做Einspanner，只是眾多維也納式咖啡的其中一種，經典作法是在杯底鋪一層細砂糖後倒入熱咖啡，並擠上厚厚的鮮奶油，品嘗時最好別攪拌，慢慢感受時間帶來的層次變化，以及最後殘留杯底半溶的咖啡糖漿。被幽默大師馬克・吐溫讚為「歐洲最好的咖啡，相較之下所有其他咖啡都是貧乏的液體」的Einspanner據說來自一位經常需要在寒風中等候主人的馬車伕，上頭的鮮奶油既有保溫的作用，還能防止咖啡灑出來，因此有了「單頭馬車」這個暱稱。

飲品種類

── 鮮奶油

── 義式濃縮咖啡

── 細砂糖
（或巧克力糖漿）

065 美式咖啡
Caff Americano

美國人發明的咖啡？

　　美式咖啡既沒有濃縮咖啡的猛烈，也不像義式咖啡需要擔心喝了會攝取太多熱量，看似平凡無奇卻可以隨喜好做出各種變化，因而還是累積了不少擁護者。那麼，美式咖啡為什麼「美式」呢？最廣為流傳的說法發生在第二次大戰時期，美軍駐紮於義大利時因無法適應義式濃縮咖啡的酸苦，便要求在咖啡中加水稀釋，不料喝起來口感竟和家鄉味有些相似，原本只是為了迎合口味沒那麼重的美國人而摻水的濃縮咖啡，就被口耳相傳成為美式咖啡（Americano），即「美國人的咖啡」。

　　話雖如此，並不是所有人都接受得了美式咖啡，至少也擁有高度咖啡文化的法國不是，兌了水的咖啡對他們而言就有如「襪子汁」（Jus de chaussette）一樣，失去本該有的香氣和滋味。再者，實際上陪伴大多數美國人度過一天的也不是我們認知的美式咖啡，而是滴濾咖啡，一般而言義式咖啡機單價高，體積也占空間，美國人多會在家中擺一台也被稱為「美式咖啡機」的滴濾咖啡機，加入咖啡粉和水後滴一壺咖啡就可以喝很久，便捷的模式似乎更適合美國人匆忙卻隨興的生活步調。

　　隨著「黑咖啡」因健康意識提升而用來取代高熱量、高糖的飲品，人們愈趨在意如何不依賴調味而煮出咖啡最好的風味，其中**「澳黑咖啡」**（Long black）和**「長杯咖啡」**（Lungo）也脫胎自濃縮咖啡，因而有如美式咖啡的攣生兄弟很容易被搞混。「Long black」流行於紐澳，只是改為將濃縮咖啡加入熱水，crema得以不被沖散而浮在上層，使口感較美式咖啡濃郁；「Lungo」則是透過將咖啡粉磨粗並延長萃取咖啡的時間，以獲得濃度略低但仍保有crema的濃縮咖啡。

飲品種類

美式咖啡

先倒義式濃縮咖啡
↓
再加熱水

— 熱水
— 義式濃縮咖啡

Long Black 先倒熱水
↓
再加義式濃縮咖啡

Longo，萃取時間延長到 1 分鐘

— 義式濃縮咖啡
— 熱水

066 防彈咖啡
Bulletproof Coffee

風靡全球多年的「神飲」

　　近年來**「防彈咖啡」**在飲食界掀起非常大的熱潮，倒不是做為咖啡有多美味，而是據說它能有效抑制飢餓、使人精神百倍，還能減肥，聽起來很是吸引人。防彈咖啡的發明者戴夫·亞斯普雷（Dave Asprey）是一位在矽谷上班的工程師，長期深受健康及體重的問題困擾而開啟他的養生之路。2004年，他到西藏旅遊時，在低溫下喝到當地居民給予的一碗酥油茶，感到身體逐漸暖和並充滿能量，驚奇萬分的他便在回到美國後著手研發自己的「酥油茶」，以草飼牛的奶油和黑咖啡取代氂牛酥油和茶葉，並加入椰子油以調理機攪拌成類似拿鐵口感的飲品，完成後以「防彈」為名，象徵喝了這款咖啡能精神奕奕且不會感到飢餓，有如穿防彈衣後刀槍不入的身體狀態。

　　防彈咖啡之所以能帶來這種神奇的效果，是由於人體一般經由攝取碳水化合物來獲取維持生理運作的能量，在攝取不足的情況下，進入人體的油脂會被轉化成熱量並產生酮體取代葡萄糖做為能量來源，因而能產生飽足感。這個原理其實來自於已經流行好幾年的**「生酮飲食法」**，採用極低碳水化合物、高脂肪及適量蛋白質以治療某些疾病、優化身體狀態甚至管理體重，許多人便以防彈咖啡代替正餐，再搭配生酮飲食法來達成目標。

　　然而許多人誤以為光靠防彈咖啡就可以減重，在維持正常飲食習慣的情況下仍每天喝一杯防彈咖啡，結果體重卻不減反增，而單餐僅攝取黑咖啡及高油脂也不見得適合所有健康狀況，開始之前，不妨先少量進行嘗試或是向醫生諮詢。

飲品種類

椰子油

香料棒

塊狀奶油

黑咖啡：椰子油：草飼奶油

1 ： 1 ： 1

9

品嘗

067 香氣
Dry Aroma And Wet Aroma

用嗅覺認識咖啡的美好

　　嗅覺是動物與生俱來的本能，藉著嗅覺可以判斷哪裡有食物或危險。到了人類開始懂得烹調，色香味俱全顯示了廚師對一道料理的講究，也可看出香味之於食物對人類的重要性。而咖啡自初始的治療胃疾、提神到如今發展為更精緻的咖啡文化，所帶來的嗅味覺體驗逐漸受到重視，且人們發現不同產地、乾燥法、烘焙程度對咖啡氣味的影響甚大，便將其分門別類，幫助走在咖啡這條路上的人能更細緻地做出辨認。

　　學習辨識咖啡氣味不僅是一種能力，而如同品茶，透過嗅聞和品嘗的過程和眼前的這杯咖啡交流，達到舒緩放鬆、擴展嗅味覺的敏感度進而提升對生活的覺察，這絕對不是在咖啡裡添加奶、糖和各種調味品或是咕嚕一聲將咖啡喝進肚裡所能感受，必須靜下心來專注其中。

　　咖啡從沖煮前至飲用完畢共有四個展現香氣的階段，由於咖啡的香氣隨著新鮮度遞減，所以現磨現沖的咖啡比較能感受到明顯香氣。當咖啡被磨成粉，部分芳香物質隨著氣體釋放，一併逸出而產生的香氣即謂之「**乾香**」。「**濕香**」則是在咖啡粉沖水後產生的香氣，咖啡粉接觸熱水後，更多芳香物質被釋放，這時的香氣比較接近我們常聽到的花果香、草木香等等。

　　風味的變化非常多元，咖啡受到不同氣候風土的滋養而產生不同特質，當咖啡進入口腔，啜吸並讓液體在口腔停留的動作使味蕾和鼻後嗅覺同時作用，可以感受到更複雜的氣味，比如屬於哪種莓果、堅果、柑橘或是焦糖味等等。吞下咖啡後還能從喉中與鼻腔內感受到的氣息稱為「餘韻」（Aftertaste），通常品質好的咖啡餘韻殘留時間長且能帶來美好的感受。

乾香

溼香

品嘗

杯測
Cupping

更客觀地評比咖啡豆的優劣

我們習慣直覺地依賴味、嗅覺判斷一支咖啡的好壞，但影響咖啡風味口感的因素很多，單靠飲用時的體驗通常會獲得比較主觀的結論；對於專業人士而言，評判咖啡是一個科學的量化程序，每個環節必須標準化並且具有一致性，這過程稱為「**杯測**」。杯測的應用相當廣泛，從供應端的咖啡農要種植什麼品種，到銷售端的咖啡師改良沖煮模式，都需要透過杯測。國際間有專為杯測師舉辦的賽事「世界盃杯測師大賽」（WCTC），每年都吸引了各國專業好手前往證明自己的能力，2019年就曾有代表台灣的杯測師獲得第7名佳績。

雖然杯測是一項專業的技能，卻不代表高不可攀，一般人其實也能透過基本器材進行簡易的杯測。對非專業人士而言，杯測可以擴展味嗅覺、學著欣賞每一支不同咖啡的特點，進而學會辨識咖啡品質，否則每每看到咖啡包裝上介紹具備的風味調性、口感和質地，喝進肚裡卻只剩最基本的酸甜苦辣，不僅浪費一支好咖啡，自己的沖煮技術也會因總是只有粗略的感受而無法增長。

在家進行杯測至少需要盛裝咖啡粉的小杯、杯測匙、洗杯測匙的水杯和熱開水，並確保研磨刻度、咖啡粉重量、粉水比、沖泡水溫等基準都一致才能獲得較公平的評測結果。先聞咖啡粉的乾香、浸泡熱水後的濕香，待水溫稍微下降後啜吸液體，感受口感與縈繞口中的香氣，最後對認知的風味、酸質、口感、甜味、協調性等項目進行評價。雖然要達到專業程度不是一蹴可幾，但透過這個過程，除感官敏銳度提升之外，也增添了品鑑咖啡的樂趣。

品嘗

咖啡豆研磨後　　　　等候四分鐘　　　　撥開咖啡浮渣
　　注水　　　　　　　　　　　　　　　並攪拌三次

　　聞香　　　　　將咖啡表層的　　　快速且用力啜吸
　　　　　　　　　渣質和泡沫撈除　　將咖啡吸入口中

品嘗

069 風味調性
Flavour Notes

咖啡獨特的氣味標誌

　　常看到哪支咖啡屬於花香調、哪支咖啡屬於果香調……這些都是在形容一支咖啡的「**風味調性**」，也就是一支咖啡對於飲用者的味嗅覺而言，會呈現出什麼樣的氣味。咖啡的風味走向通常由品種及產地的氣候、土壤或水質決定，卻等到精品咖啡崛起、人們開始嘗試從飲用不加任何調味品的咖啡來感受其細膩的氣味表現，才逐漸發展成型，隨著越來越多形容詞被挖掘出來，咖啡風味的描述也越來越具體，其後美國精品咖啡協會（SCAA）與世界咖啡研究室（WCR）共同設計出「咖啡風味輪」（參閱P.164），輔助我們區分咖啡風味和屬性。

　　人類從感官接受到訊息後，經過大腦判讀並做出分析，然後從記憶和經驗中擷取相符的資料，最後才能用語言文字表述出來，因而即便可以從專業角度或咖啡風味輪連結每支咖啡豆的風味屬性，風味終究還是含有主觀的成分，畢竟每個人的生活環境和飲食文化不同，深切影響著對氣味的感受度，對同一杯咖啡便可能產生不同的描述。

　　要想學習品嘗咖啡的風味，擴充自己的味嗅覺經驗是有幫助的，當我們具備越多經驗，越能夠細緻地分辨出風味屬性，好比同樣是柑橘香，葡萄柚和甜橙就會有些微差異，但如果味嗅覺不夠敏銳，或許只能認出咖啡帶有柑橘味，甚至只能描述咖啡有酸味。將咖啡沖得略淡一些或是等咖啡涼了再入口也可以更充分地感受其中的細節，尤其是帶有花果香的咖啡，通常在這兩種情況下風味會呈現得更完整。最後則是學著與咖啡「交流」，讓液體在口腔停留、撞擊，越是細心地感受它，自然會獲得回應。

品嘗

品嘗

070 咖啡風味輪
Coffee Taster's Flavor Wheel

引領馳騁於咖啡氣味的世界

　　咖啡的風味由嗅覺和味覺的感受綜合而成，經由品嘗後描述出來所賦予，有點主觀、需要一點想像力。在第三波咖啡浪潮興起之前，義式咖啡仍是世界的主流，無論是哪裡來的咖啡幾乎都被以深焙對待，有好長一段時間，大部分的人們並不太重視所謂的風味，直到「咖啡是水果，也有屬於它的氣味」、「不同地域的咖啡有不同的風味屬性」、「應該更細緻、溫柔地烘焙咖啡來展現它們的特色」等觀念被提出來，彷彿才有一支鑰匙將感官的大門打開——原來咖啡是可以這樣被細細品味的。

　　然而這並不表示咖啡風味領域在此之前完全沒有發展，精品咖啡的概念開始得很早，以追求優質咖啡為目標，而風味是其中的一環，在還沒有風味輪出現之前，溝通時容易因為感官經驗和辭彙庫差異而產生許多誤差，1995年，美國精品咖啡協會（SCAA）的執行總監泰德·林格（Ted Lingle）設計出第一代「**咖啡風味輪**」，在資訊相對不那麼充足的當時，已經做出相當大程度的統整，將品鑑咖啡時的對話調到同一個「頻道」上。

　　隨著精品咖啡概念普及，接觸到這份索引工具的人越多，風味輪的內容卻逐漸不敷使用。2016年，SCAA參照《世界咖啡感官研究大辭典》（World Coffee Research Sensory Lexicon）做出21年的來第一次修訂，刪減當中部分過於抽象（如「Flat：平板單調的」）或是使用率不高（如「香芹酚」）的詞彙、擴增更多風味形容詞，並和加州大學戴維斯分校合作，重新將風味進行更科學且系統性的分類；色彩安排與表示風味親疏的間隔也讓查詢過程變得直覺化，幫助使用者聯想和記憶。

品嘗

*此處僅呈現意象，若欲詳查，可上SCAA網站查詢。

071 酸質
Acidity

令咖啡呈現水果般輕快的味覺刺激

有別於味覺的酸（Sour）以及有機物腐敗散發的臭酸，「**酸質**」（Acidity）所指的是品嘗咖啡時能感受到帶有香氣的酸，酸質的加入讓咖啡除了苦澀、甘甜之外，更能表現出明亮活潑的層次，酸度適宜的情況下還能刺激唾液分泌帶來回甘的口感，於是第三波咖啡時代來臨，酸質也成為咖啡優劣的評比項目之一，甚至有咖啡愛好者會以酸質當作判斷咖啡品質的依據。

由於咖啡是天然植物果實，當中含有許多包含綠原酸、蘋果酸、檸檬酸、奎寧酸、醋酸與發酵產生的乳酸等有機酸，這些成分在咖啡豆中的多寡受到產地、品種、海拔高度與生豆的處理法等左右，造成咖啡入口後呈現不同程度、質感與香氣的酸質。以目前常見的處理法來說，日曬或蜜處理這類保留果皮果肉的發酵方式所產生的糖分，會使咖啡的酸質較為豐富但柔和，水洗則是能使口感較為純淨，相對的酸感也偏向明亮與尖銳。

當生豆進入烘焙階段，有機酸隨著烘焙時間越長被焦化，使得酸質減弱，也就是說烘焙度越淺，保留在咖啡中的酸質越多，反之，深焙的咖啡喝起來酸味越少，因此在烘焙過程中維持酸質與其他成分的平衡，是顯現烘豆師專業度的一大課題。此外，粉水比、沖煮水溫、水質軟硬等也都會影響酸質的釋放，當咖啡的萃取率與溫度降低，酸質也隨之提高，因此有些人會刻意將咖啡沖得淡一點或稍微放涼以感受特有的酸香。飲用者可以在不同的酸度間嘗試與探索，並依口味喜好調整適合自己的口感，這些酸除了影響咖啡帶來的味覺感受外，也有越來越多研究指出適量攝取咖啡中的酸質有益身體健康。

品嘗

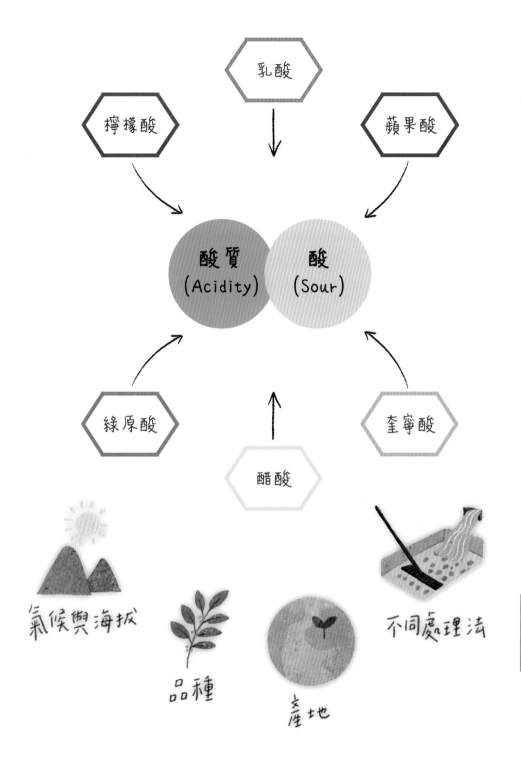

072 醇厚度
Body

咖啡清如水或濃如漿的祕密

　　品嘗咖啡其實和品茶有著異曲同工之妙，雖然很多資訊可以從包裝上或是咖啡師口中獲得，但當我們真正拿到一杯咖啡並觀察液體的色澤和澄澈度、嗅聞咖啡綻放出的氣味差異、用舌頭和口腔碰觸咖啡展現的質地，感受絕對是完全不同的。咖啡經研磨、沖煮散發的不同氣味，我們通常會以風味調性來描述及辨別，而咖啡液體在口中呈現的豐厚程度與重量感則用「**醇厚度**」（Body）來形容。

　　醇厚度可以厚重、也可以輕盈，聽起來彷彿很抽象，不過只要回想一下水、果汁、牛奶、酒或是糖漿等不同質地的液體在口中停留和流動的觸感，便可以大概體會到如何表達醇厚度的差異性。會有這種差異性是由於咖啡中仍存有一些不易溶於液體的物質，像是油脂、果膠、蛋白質、纖維等，造成咖啡喝起來帶有不同的口感；有些人會因此將醇厚度和濃度相提並論，然而兩者的意義不大相同，差別在於濃度是隨著可溶性物質的萃取率而改變，也就是說濃度影響味道（味嗅覺），而醇厚度影響咖啡的口感（觸覺）。

　　咖啡豆的醇厚度同樣也會因產地、處理法、烘焙程度、萃取方式……等而有所不同，不過它和酸質恰恰相反，日曬、蜜處理的豆子醇厚度越高，同樣地，烘焙度越深的咖啡也能展現質地較厚重或黏膩的口感，因此無論烘豆師或咖啡師在思考如何展現一支咖啡豆的個性時，有時會需要在醇厚度與酸質之間做出平衡或取捨，不過若是一支咖啡豆無法在淺焙表現出優異的酸質，有些烘豆師也會改為偏向中深焙的方式將醇厚度突顯出來。

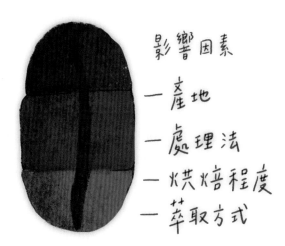

影響因素

－產地

－處理法

－烘焙程度

－萃取方式

水洗法

半水洗法

半日曬法
蜜處理法

日曬法

醇厚度低　　　　　　　　　　　醇厚度高

073 咖啡36味聞香瓶
Le Nez du Caf

進入精品咖啡領域不可或缺的工具

　　進行感官探索的時候，需要有經驗的連結才能強化對感知的認知與熟悉度，即是腦袋會試圖搜尋過往味嗅覺接觸過的氣味做出對應。品鑑咖啡時，常會在面對從鼻腔迸出的複雜氣息時，來不及或是不知從何抓住蛛絲馬跡，風味輪雖然有助於將氣味進行分類，但文字表述對未實際體驗過某些感受的人終究有些陌生，聞香瓶便應運而生，最具歷史的是台灣一般稱呼為「**咖啡36味聞香瓶**」的Le Nez du Café，中文直譯為「咖啡鼻子」。

　　Le Nez du Café的研製者讓・勒努瓦（Jean Lenoir）窮盡大半生鑽研並開發人與氣味之間的連結，生於法國著名紅酒產地勃艮地的他，從小因為近距離接觸葡萄酒生產，在耳濡目染間，品嘗酒的氣味對他就如同走路吃飯般自然，這也成為他日後決定將味覺和嗅覺引入文化世界的契機。1981年他首先推出了「酒鼻子」（Le Nez du Vin）聞香瓶，其後的幾年包括「蘑菇鼻子」、「雪茄鼻子」……等不同領域的聞香瓶又陸續誕生。「咖啡鼻子」則是1999年的產品，網羅36種氣味以泥土、蔬菜、乾燥植物、木質、辛香、花香、果香、動物、焦香及化學等不同調性區分，輔助使用者訓練嗅覺敏銳度和嗅覺知識庫的擴充。

　　這套聞香系統是目前精品咖啡協會（SCA）在課程及考試使用的教材，不過目前也有越來越多機構研發出更符合不同地域特色的氣味，或是增加氣味種類的聞香系統，如韓國企業「SCENTONE」在2016年開發並由美國精品咖啡協會（SCAA）認證的「咖啡風味地圖T100」，就區分為10個領域並囊括了100種氣味，有助擷取更精準的風味訊息。

074 咖啡因
Caffeine

你的提神劑可能是他的毒藥

咖啡出現不過數百年，人類攝取咖啡因的歷史卻已達數千年之久。遠古時代，人們發現嚼食某些種子與樹葉能產生興奮感以避免疲勞——那些植物含有現代稱為「咖啡因」的植物鹼，在自然界中有保護植物避免蟲害的作用，而人類服用後則會刺激中樞神經，同時影響腦中感知疲勞的神經傳導物質，使人精神飽滿。

17世紀以前的歐洲還沒有高溫殺菌的觀念，常因飲用水受汙染而致病，於是歐洲人便以不易腐壞的酒類飲品作為補充水分的來源，直到咖啡傳入，這種讓人越喝越清醒的飲料很快地取代酒精成為新的流行。這樣的演變可說是文明推進的一大助力，人們的睡眠習慣改變、工作效率大增，不斷開設的咖啡廳則成為社會菁英高談闊論的場所，舉凡啟蒙運動、工業革命等歷史事件背後，咖啡因的加入絕對功不可沒。

但咖啡因普遍存於各種飲品，攝取過量會帶來心悸、失眠、頭痛、甚至呼吸困難等症狀，好比說，羅布斯塔的咖啡因含量比阿拉比卡高出二至三倍，且成本較低，常用在罐裝或即溶咖啡，所以也出現一種說法：好咖啡不會讓人失眠。如果喜歡上咖啡館或自己沖煮，比起焙度，反而更需要留意受到粉水比、顆粒粗細、沖煮時間左右的萃取度，不要以為越苦或顏色越深，咖啡因就越多，手沖、冰滴等的含量可是高於義式濃縮呢！

而台灣在2006年起也規定現煮咖啡商家須以紅（200mg以上）、黃（100-200mg）、綠（100mg以下）三色標示咖啡因含量，2021年更進一步擬草未來商家販售任何含咖啡因的飲料都必須標示含量，幫助消費者選擇。

品嘗

咖啡因含量

低咖啡因咖啡
< 5 mg
150 ml

即溶咖啡
30-85 mg
150 ml

手沖咖啡
40-180 mg
150 ml

濃縮咖啡
30-50 mg
30 ml

美 式
200 mg
360 ml

拿 鐵
107 mg
360 ml

紅 茶
40-180 mg
150 ml

綠 茶
40-180 mg
150 ml

品嘗

075 有機咖啡比一般咖啡好嗎？
Organic Coffee

道德與現實之間的抉擇

　　搭著健康與環保議題的順風車，在各界大力推廣之下，有機農作捲起一股熱潮，舉凡吃的、用的，只要冠上「有機」，身價立刻水漲船高，而2020年全球消耗量達1.66億袋（將近100億公斤）的咖啡，在發展時同樣也面臨了這個抉擇：有機，還是不有機？

　　傳統的商業種植方式為了提高咖啡產量，研發出可以接受高強度日曬以利於廣泛種植的品種，大面積、密集地種植咖啡造成土地營養不足，更糟的是伴隨物種單一化而來的病蟲害，免不了需要大量化學肥料和農藥，而這些化學物質殘留在土壤中長遠地殘害著周遭的生物。簡單地說，有機種植在於捨棄非天然的肥料、殺蟲劑，創造得以永續發展的生態系統，培養抵抗力較強的樹種；市面上的有機咖啡經過認證，消費者在明確知道來源的情況下能買到更安全的產品；採用有機耕種的農民也可以獲得更多認同理念的消費族群青睞。聽起來理應沒什麼好猶豫的。

　　但取得有機認證對農民來說，是個漫長且耗費非常多時間、人力和金錢的過程。光是讓土壤、遮蔭率、生物多樣性等各項環境指標都符合標準可能就得花好幾年，而認證的高昂費用並非大部分身處第三世界的農民能負擔得起，許多未獲認證的有機小農可能就此埋沒；再者，目前並沒有太多直接的證據顯示有機咖啡的風味絕對優於一般咖啡，反而有研究指出：一般咖啡殘留的化學物質經過烘焙和沖煮後已消散殆盡，讓人們對有機咖啡產生疑慮。但不可否認，友善地球仍是現今全人類共同的目標，有機農法縱然難行卻仍必須得繼續走。

品嘗

10

台灣咖啡
二三事

台灣咖啡歷程
Coffee in Taiwan

台灣人歷經跌宕仍展現自我的精神

　　自明清以來，各國爭先恐後想將台灣納為自己的殖民地或經商口岸，列強在這段時間輸入的外來物種、文化等等在日後形同證明他們曾踏上台灣這塊土地並留下證據。咖啡也是其一，讓一座曾為蠻荒之地的小島搖身一變成為東亞最大的咖啡產地，至今更種出能與其他產地一較高下的精品咖啡。

　　第一個在台灣種下咖啡樹的是英國人。18世紀美國獨立戰爭促使美利堅人紛紛從茶葉追隨者轉向擁戴咖啡，英國人很快意識到商機，正值清廷戰敗與西方簽訂通商條約，來台貿易的德記洋行發現這裡適合種咖啡，1884年從馬尼拉運來一百多株樹苗種在現在的新北三峽一帶，但運送過程管理失當，加上水土不服，導致成功存活的所剩無幾。經過幾年，咖啡樹終於達三千多株，可惜一場大火幾乎燃燒殆盡。

　　20世紀初，日本人來台後花了更多力氣做考察和研究，計劃性地在各地栽植咖啡，因而台灣當時咖啡發展盛極一時，不僅在雲林擁有遠東最大的咖啡加工廠，還出版了史上第一本研究台灣咖啡的專書——台灣總督府殖產局技師櫻井芳次郎的著作《珈琲》。這樣的榮景直到40年代日軍撤離前夕才告終。

　　台灣光復後，咖啡產業一度因為美援復甦，但又因生產成本過高、進口咖啡連年增加，以及連鎖咖啡店進駐而沉寂近30年。直到1999年的921地震過後，政府欲重建受災嚴重的古坑，咖啡種植以結合觀光的方式喚起台灣人的注意，其後咖啡農與業界有志一同地朝精品化發展，台灣的優質咖啡終於又重返國際舞台。

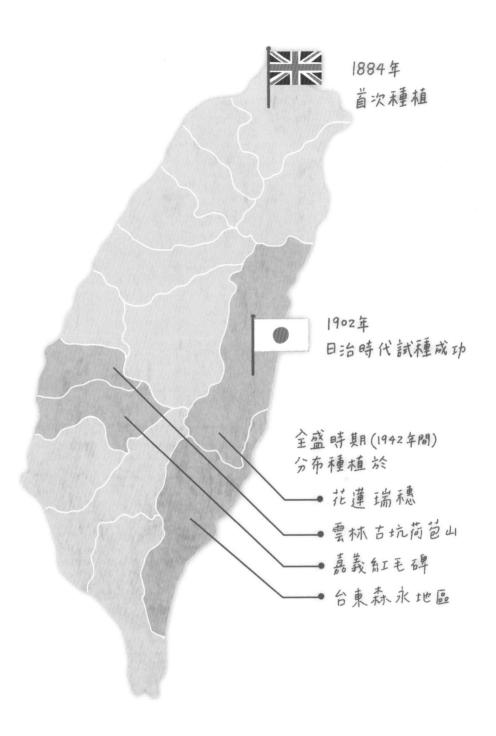

1884年
首次種植

1902年
日治時代試種成功

全盛時期(1942年間)
分布種植於

花蓮瑞穗

雲林古坑荷苞山

嘉義紅毛碑

台東森永地區

這座小島曾為供應咖啡豆的重要基地

　　世界上的咖啡產地大大小小不勝枚舉，遠有中南美、非洲各國，近如印度、越南、印尼等。雖然台灣也產出不少品質精良、備受國際肯定的咖啡豆，但不論從產量或生產面積來看，無論如何都稱不上是「大」產區，這樣一個小島在一百多年前的日治時代卻有著「東亞最大的咖啡產地」之稱，難道當時的產量真的足以和其他產地匹敵？

　　日本統治期間，咖啡並不在主要的貿易項目中，當時的出口商品以米、茶葉、蔗糖、鹽、香蕉和樟腦等為大宗，種出來的咖啡絕大部分則輸回了日本。由於日本在來台之前，剛結束長達二十年的明治維新，在西方制度和文化大幅度地影響之下，開始著洋服、開洋車，習慣喝茶的他們也喝起了咖啡，咖啡店一間一間地開，成為摩登的象徵。

　　但日本本土因氣候寒冷不太適合咖啡生長，少數能種植咖啡的地點只有距離較遠的小笠原群島和沖繩，當時內需的咖啡多從印尼、甚至遠從中南美洲進口，運費非常高昂，在來台考察並經過培植試驗，日本人發現台灣最適合種植阿拉比卡種，品質甚至優於小笠原和沖繩，自1902年總督府技師、植物學家田代安定將咖啡種在恆春，並於五年後成果展示在東京舉辦的勸業博覽會，物美價廉又新鮮的咖啡豆大受日本人喜愛，往後十多年，產區遍及台東、花蓮、雲嘉以及高屏，栽培者也從民間走向企業化經營，台灣的產量逐漸得以取代其他成本支出較高的咖啡輸入國，成為供應日本本土與在台日人咖啡豆的重要基地。

田代安定

1857-1928

植物學家／人類學家

台灣第一家咖啡館
First Coffee Shop In Taiwan

日本人帶來的新潮聚會場所

　　在這個咖啡已然是大部分民眾生活必需品的時代，咖啡館的數量也逐年快速成長，成為城市中不可或缺的風景，無論連鎖品牌或風格小店、冠軍咖啡師或頂級咖啡豆坐鎮、有可口的點心……等等，選擇這麼多，總能找到一間合自己心意。那麼，台灣第一家咖啡館是什麼時候出現，又賣些什麼呢？

　　最廣為人知的，是西元1912年在台北公園（今二二八和平紀念公園）由日本商人開設，被稱為「**公園獅**」的「ライオン」（獅子的英文「Lion」音譯，唸做「來甕」）。它的裝潢時髦，歐式建築內設置許多如電燈、黑膠音響、暖氣等現代化電器，也有穿著圍裙的女服務生，販賣咖啡、巧克力、茶、酒等各式飲料及餐點。1914年公園獅擴大規模，增建為兩層樓洋房，二樓可以舉辦宴會或展覽，吸引當時的文人雅士來聚會，猶如現在流行的複合式藝文空間。

　　然而更早可追溯到一則1897年的報紙廣告，來自一間叫做「西洋軒」的歐風咖啡茶館，可推估在公園獅之前就已有咖啡店營業的痕跡。其地點及外觀現已不可考，不過由廣告上的「西門外竹園內」字樣，可知其位置大約在現今的台北西門町一帶，此外，西洋軒自稱「茶館」，卻不賣茶，而是販售咖啡、巧克力、薑汁啤酒、香檳、葡萄酒、白蘭地等飲品。茶館一詞則是明治時期用來指稱可以坐下喝咖啡聊天的店面，最早可見於1876年位於東京淺草的「咖啡茶屋」及1888年由中國留美學生鄭永慶在東京上野開的「可否茶館」。

079 台灣第一部行動咖啡車
First Coffee Truck In Taiwan

駕駛在時代的前端

好多年前，各風景區吹起了一陣行動咖啡車的風潮，特別是北海岸，隔沒幾公尺，路邊就出現一台貨車或胖卡，所有沖煮器材和杯盤都安置在車上，幾把桌椅和陽傘排開，一間海景咖啡廳就地誕生，雖然沒有冷氣燈光的加持，但就著自然景觀享受飲品，風迎面拂來，加上天然的立體環繞音響，也不失為一種風雅。

我們大都認為台灣的行動咖啡車是效仿國外的餐車，不受地域限制的高度自由，帶著點勇於飄泊的浪漫，顛覆了「商店」的既有定義。不過早在九十年前，台灣就曾出現過一台行動咖啡車，在那個保守嚴謹的日治時代，顯得格外標新立異。這台車出自日本人森浦清太郎之手，當時他在台中公園旁經營一間咖啡店「**巴咖啡**」（カフエートモヱ，kafe tomoe），身為汽車組裝迷的森浦將車子改裝，每當公園或其他地方有活動，這台車就會出動。

與其說是行動咖啡「車」，倒不如說是行動咖啡「店」，因為它不像現今的咖啡車僅供應簡單的外帶飲食，更是一個遊人的歇腳之處——車子裡有可以容納十二名客人的桌椅，還有廚師和女服務生，可以現場烹調餐食。

可惜這台前衛、在當時堪稱創舉的咖啡車所留下足以讓後人產生共鳴或連結的歷史資料並不是太多，反而是巴咖啡的原址在日本戰敗投降後，由有「台灣第一位女革命家」之稱的「台灣人民協會」創辦人謝雪紅的弟弟頂下改成大華酒家，作為其藏身及與同黨商議的地方，因為這一層政治因素而較為人所知。

カフヱートモヱ

おいしい
コーヒーを
どうぞ…

台灣咖啡二三事

080 台灣咖啡生產地圖
Taiwan Coffee Zone

咖啡產區可能離你我比想像得都近

　　台灣本土種植咖啡最早的歷史紀錄可以追溯到清朝末年，1884年，英商德記洋行從菲律賓馬尼拉（或有一說是來自舊金山）輸入一批咖啡種子，種植在三角湧一帶，也就是現今的三峽區。到了日據時代，日本人受到西洋文化影響已有飲用咖啡的習慣，但由於日本國土緯度高，不利於咖啡植株生存，來台後發現台灣似乎可以做為咖啡生產與貿易的據點，便派專家學者針對氣候、土壤、坡度等進行考察和測量，尋找適合栽種的地區，全盛時期諸如雲林、台南、台東、花蓮等地都有咖啡園。

　　由於咖啡具有很高的經濟價值，加上到目前為止，專家與農民掌握的技術越來越多，種植範圍從主要的中南部地區擴展至全國，除遍及本島各個縣市之外，離島的金門也占有一小部分種植面積。以本島而言，主要產區大致可切成三大區域，受地形、海拔與氣候的影響，所產出的咖啡風味也大相逕庭。

　　「**高海拔產區**」包括嘉義阿里山、雲林古坑石壁地區、屏東霧台等山區，氣候寒冷、成熟所需時間長而富含養分，咖啡豆帶飽滿濃郁的花果香和明顯的酸質；「**中低海拔產區**」包括台中東勢、南投國姓及魚池、彰化八卦山、雲林古坑與台南東山等地，因海拔適中且氣候穩定，加上多採遮蔭栽植，咖啡豆酸度低、甘甜且帶有奶油或巧克力的香氣；「**太平洋海風產區**」位在鄰近太平洋的山區，如花東沿岸與縱谷等，口感較為醇厚甘甜，帶點香料味的香氣。

台灣咖啡二三事

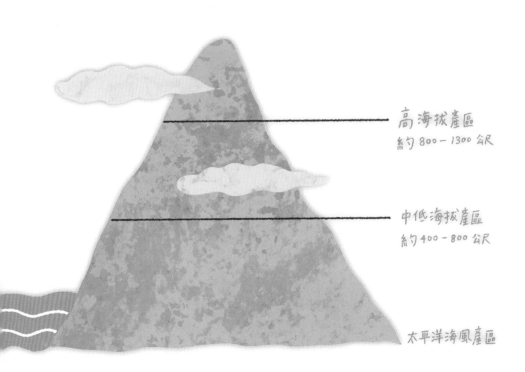

高海拔產區
約 800－1300 公尺

中低海拔產區
約 400－800 公尺

太平洋海風產區

● **高海拔產區**
嘉義阿里山、雲林古坑石壁地區、屏東霧台等山區
飽滿濃郁的花果香和明顯的酸質

● **中低海拔產區**
台中東勢、南投國姓及魚池、彰化八卦山、雲林古坑與台南東山
酸度低、甘甜且帶有奶油或巧克力的香氣

● **太平洋海風產區**
花東沿岸與縱谷等
口感較為醇厚甘甜，帶點香料味的香氣

台灣是優質的咖啡產區嗎？
Best Coffee Of Taiwan

地利人和打造精品咖啡時代

位在北回歸線上的台灣，地處副熱帶氣候，四面環海而且地形變化大，在季風吹拂之下，孕育出得天獨厚的自然生態，可以培養豐富而多樣的物種，即便不像絕大部分咖啡產區擁有遼闊的土地，台灣這樣一個小小的海島卻可以產出有著非洲、中南美洲、海島產區等不同風味特色的咖啡豆。更特別的是，早期有些果農種植咖啡樹充當果園防風林，日後逐漸形成咖啡與水果共生的型態，因此種出來的咖啡會帶著特有的果香和甘甜，甚至是茶的氣味。

由於台灣腹地小，先天上很難以產量與其他產出國抗衡，也因而生產成本硬是比進口咖啡高了好幾倍，加上日本戰敗後的咖啡農業曾中斷過，導致雖然有優良的天然種植環境，卻有好長一段時間國人對本土咖啡的認識不多，或者帶有又貴、品質又不穩定的既定印象。一直在這塊領域耕耘的農民、專家學者意識到如果要有所轉變，必須讓本土咖啡朝精品化「以質取勝」的方向發展，為此，除了摸索更適合的後製、烘焙、保存等程序，品種改良的研究亦持續在進行中。

除此之外，向外推廣的腳步也未曾停歇過，多個莊園曾獲得世界盃烘豆大賽、世界盃虹吸咖啡大賽等國際賽事、美國精品咖啡協會（SCAA）與卓越杯（COE）的肯定，更吸引到年事已高仍往來世界各地蒐羅優質咖啡、有精品咖啡教母之稱的SCAA創始人娥娜·肯努森（Erna Knutsen）女士於2012年來台參訪，她受邀到南投魚池鄉，對當地的咖啡品質讚不絕口，顯見台灣自產咖啡已逐漸成為不容小覷的軟實力。

11

咖啡歷史
與文化

082 牧童卡爾迪與吃了咖啡豆的羊
Kaldi

將咖啡帶給人類的使者

　　自人類開始「食用」咖啡至今，少說也有上百年，咖啡從再普通不過的食材搖身成為世界上許多人嗜之如命的飲品，甚至帶來更龐大的影響，各界研究者自然紛紛關心起有關咖啡的一切，但這些學問若要追根究柢，總不免讓人探究起咖啡的根源：咖啡究竟從何而來？是誰發現這神奇的果實？至今能回應這個問題的仍是一個又一個的傳說，雖然沒有傑克的豌豆那麼超現實，不過也夠耐人尋味了。目前最常見的說法有兩種，無論年代或地點都有很大的差距，不過也正因為眾說紛紜，為咖啡的起源增添了幾分神祕感。

　　據說在西元6世紀的衣索比亞，有位牧童卡爾迪帶著山羊們到了一個叫做咖發（Kaffa）的地方（位於現在的阿姆哈拉高原）讓羊自行覓食，卻發現吃飽喝足的羊異常興奮，像是跳舞般地不停蹦跳，直到深夜還不需休息。一連幾天如此，卡爾迪感到不對勁，循著覓食路線找到牠們吃的紅色果實，他好奇嚐了幾顆後感到精神飽滿，便又摘了一些交給附近的伊斯蘭教僧侶，僧侶嘗試在晚禱前將果實煮成湯汁飲用，發覺有很好的提神效果，自此，這種果實便以「Kaffa」為名在當地流傳開來。

　　另一則傳說則存在16世紀歷史學家阿布達爾‧卡迪的手稿中。12世紀，一位具有治療能力的伊斯蘭僧侶雪克‧歐瑪爾因故被驅逐到葉門的摩卡附近，看到那裡的鳥在食用一種紅色果實後發出嘹亮的啼聲，勞累加上飢餓促使他不得不摘些果實來吃，不料疲倦感和不適都大為好轉，於是他採集果實煮湯治療旅途中遇見的病人們，行善之舉和神奇果實的消息傳回家鄉，他的罪隨即受到赦免並被尊為聖者。

083 波士頓茶葉事件
Boston Tea Party

美利堅人擁抱咖啡的開始

　　1871年，仍屬大英帝國殖民地的北美洲發生了一起將大批茶葉傾倒入波士頓港的事件，誰會想到，這次事件竟埋下日後美國獨立戰爭的導火線？

　　17世紀末，英國正在發展海上貿易，茶葉和咖啡都屬於進出口的商品之一，除了在國內引起了飲用茶和咖啡的潮流，這些物資也被運到包括北美的各個殖民地，但當時北美的貿易商若想進口茶葉必須經由東印度公司拍賣批發，而英國政府又會從中課25%的茶葉稅，北美商人便轉從荷蘭走私進口品質和價格較低的茶葉，且因少了賦稅，利潤相對提高許多。

　　為了遏止走私，英國政府陸續在1667、1773年頒布《湯森法案》和《茶葉法案》，一方面將課稅對象由東印度公司轉至殖民地，一方面允許該公司不經過英國、將茶葉出口到北美，於是東印度公司的茶葉售價一下子變得比走私茶還低，影響到走私者和分銷商的利益，徹底惹火他們和長期受英國壓榨的被殖民者，引發聯合抵制，拒絕英國商船的茶葉卸貨。1773年12月，革命團體「自由之子」上了三艘載滿茶葉停泊在波士頓港的商船，將300多箱茶葉倒入海裡。後來，英國通過一系列法令加強控制殖民地的反動，不斷深化的矛盾終於促使美國獨立戰爭在1775年爆發。

　　這場「波士頓茶葉事件」激起了廣大美利堅人團結一致共同抵抗，茶葉被與專制的英國畫上等號而受到拒喝，導致口感不佳且一直乏人問津的咖啡反倒在一片激昂的愛國情操中被捧紅，自此在美國開啟了廣大的咖啡市場。

084 世界上第一家咖啡館
Constantinople

世界咖啡文化的起源

　　傳說中，咖啡起源自衣索比亞，隨後趁著戰亂被帶到了葉門，並在鄂圖曼帝國急速擴張之際傳入土耳其。就在鄂圖曼占領君士坦丁堡引發十字軍東征時，鄉野間流傳著鄂圖曼軍團有著戰無不勝的祕密武器，士兵們在半夜聚在一起飲用神奇的黑水，使他們目光如炬、越戰越勇，征戰連續數日卻不見疲態。這個在當時神祕兮兮的傳言如今真相大白，所謂的「無敵黑水」，其實就是現代人每天大量飲用的咖啡。

　　因為咖啡在戰爭中被口耳相傳得太神奇，再加上當時伊斯蘭教禁止教徒飲酒，咖啡這種刺激提神的飲料在穆斯林間大受歡迎，於是15、16世紀之間，君士坦丁堡（即現在的伊斯坦堡）出現了第一間咖啡館「**Kahve Hane**」。之後咖啡館如雨後春筍般開設，成為流行的社交場所，大夥聚集在這兒，一邊喝著茶或咖啡，一邊閒聊或談論國家大事。但鄂圖曼政府擔心這種思想交流的風氣遲早演變成反叛活動的溫床，而且部分伊斯蘭教派認為，使人精神興奮的咖啡與它烘培至焦黑的形式有違《可蘭經》的教導，因此遍布土耳其的咖啡館曾一度遭到勒令停業。但即便如此，仍抵擋不了咖啡的風潮在阿拉伯世界蔓延開來。

　　而這第一間開在君士坦丁堡的「Kahve Hane」，所代表的不僅是當時社會氛圍的轉變，也開啟往後咖啡在歷史上所扮演的角色，經由土耳其進入歐洲乃至傳播到世界各地之後，不論是宗教文化、經濟與文學發展，都與咖啡有著密不可分的關聯，甚至到現代，我們的生活也離不開咖啡，每天端著一杯神奇黑水，獲取一日所需的能量。

085 倫敦勞依茲咖啡屋
Lloyd's Coffee House

保險市場的開拓者

　　17世紀，英國開始積極向海外擴張，靠著殖民和國際貿易建立了霸權，倫敦既為英國的首都，也是主要的商業港口，許多新的文化和資訊都在這個大城市裡快速流動著。當時來往貿易的物資包括咖啡、棉花、茶葉等，咖啡順理成章地在倫敦流行了起來，不過數十年光景，大大小小的咖啡廳已遍布倫敦的各個角落，其中包括了「**勞依茲咖啡屋**」（Lloyd's Coffee House），但讓它名聞遐邇的，並不是它的咖啡。

　　當時的咖啡店和現在的獨立咖啡館有些類似，各種社會階層、職業都能進去消費、社交或交換訊息，但每間店會隨著聚會的族群不同而發展出各自的屬性，吸引同性質或需要相關情報的人前往。勞依茲咖啡屋的主人愛德華・勞依德（Edward Lloyd）大約32歲時和家人遷居至倫敦，1688年，40歲的他在泰晤士河附近開設了這間咖啡店，因為地緣關係，來訪的多是一些水手、船東或商人，彼此會交流有關航海的資訊，勞依德從中發現知識經濟的重要性是可以為他的咖啡店帶來商機的，便開始整理蒐集來的資訊諸如航運、貿易或風險評估、保險資訊等與客人共享，這些訊息後來編製為定期出版品《勞合船舶日報》（Lloyd's List），至今仍以電子報的形式持續發行。

　　在勞依德的經營下，這裡成為保險商與航海人及貿易商洽談保險業務的固定聚會場所，到了19世紀初，已發展成為頗具規模、專門管理航海保險業務的保險交易所「勞合社」（Lloyd's of London）。1871年，英國政府通過勞依德法案（Lloyd's Act），勞合社正式取得法人資格，當初的一間小咖啡店，如今已成全球最大、最享歷史盛名的保險組織之一。

咖啡歷史與文化

086 北歐咖啡浪潮
Nordic

造就第三波咖啡的興起

　　北歐咖啡已經出現在台灣好一陣子，最具代表性的就是藏身台北市伊通街的咖啡館「Fika Fika Café」，但對大部分的人而言，彷彿仍是個新興的名詞，乍聽之下還有些模糊。其實「**北歐咖啡**」並非指涉特定的咖啡飲品種類或是哪個區域的咖啡，在因為氣候過於寒冷而無法種植咖啡的北歐，各國可能會使用不同的豆子、有各自的烹煮方式，但共通點是以淺焙來呈現咖啡豆的特質，這和歐美以往的咖啡飲用習慣有很大差異。而讓人們對於品嘗咖啡的觀念產生躍進式轉變的推手是挪威咖啡大師──提姆‧溫德柏（Tim Wendelboe）。

　　提姆‧溫德柏早年在咖啡店打工時，意識到商業利益取代了咖啡本身成為產業的主角，爾後，著力於從大小比賽與創業過程中尋回心目中咖啡的本質。他擅長透過特有的烘焙方式展現出咖啡輕巧、細緻而優雅的一面，認為咖啡既然是水果，風味應該更要顯而易見，而非隱匿在重焙火煙霧之下，因此即便烹成了濃縮咖啡，仍能在入口後感受到富有層次的香、甜、酸，一如品嘗手沖帶來的味嗅覺衝擊。

　　而來自美國的挪威烘豆師翠蘇‧羅斯格（Trish Rothgeb）則是另一位淺焙的挑戰者，在仍流行義式深焙的當時異軍突起。深感追求咖啡的優質與細膩即將成為新一波潮流的她，於2002年發表一篇文章（略早於提姆‧溫德柏獲得WBC冠軍揚名國際的2004年），提出了「第三波咖啡」這個概念，用來與連鎖經營、商業利益導向的「第二波咖啡」作區分，咖啡的新時代自此悄然開展。

087 第三波咖啡浪潮
Third Wave

從物質需求昇華成心靈層次的享受

　　生在這個時代的咖啡迷何其幸運，要品嘗到世界各地種植的優質咖啡豆毫不費力，正當我們閱讀著咖啡豆的生產履歷、回想口腔內綻放的風味譜、一邊討論咖啡師如何呈現出這支豆子的特色，在咖啡發展史上已來到了**「第三波浪潮」**。

　　為什麼會有此區分？一般都將這個論點歸於挪威烘豆師翠蘇・羅斯格於2002發表的《挪威與第三波咖啡》（Norway and Coffee's Third Wave）。**「第一波浪潮」**源於一戰、二戰期間對咖啡的大量需求，歐美國家為了提振士兵的精神在軍糧配備即溶咖啡，商人為降低成本多以劣質豆製成，雖苦澀難喝還是造成大批士兵咖啡成癮。戰後美國人多仍維持喝即溶咖啡的習慣，歐洲人則選擇回歸自個兒咖啡文化的懷抱。

　　所幸**「第二波浪潮」**將咖啡推向了精品化。1966年荷蘭商人阿爾弗雷德・皮特（Alfred Peet）將歐式重烘焙技術引進舊金山，新鮮豆子的濃醇甜香哪是即溶咖啡可比擬，一推出就讓飽受劣質咖啡荼毒的美國民眾驚為天人，他後來收的三位徒弟更成為連鎖咖啡龍頭星巴克的創始人，將重焙豆從西雅圖推到全美。另一位重要角色娥娜・肯努森是美國精品咖啡協會（SCAA）的創始人之一，她提出「精品咖啡」概念，強調咖啡會因產地氣候、風土、處理方式等不同而呈現出各自的「地域之味」（Terroir）。

　　然而商業導向的連鎖咖啡店持續複製擴張，越來越多咖啡師認為失去了咖啡的本質，於是2002年在北歐迎來**「第三波浪潮」**，以輕巧的淺中焙滴濾或浸泡取代義式濃縮咖啡，人們開始討論產地、品種與風味間的連結並打開感官品嘗與認識咖啡，自此咖啡才由快時尚轉變為一門精緻美學。

咖啡歷史與文化

1st

2nd

3rd

INSTANT COFFEE

088 土耳其咖啡能占卜？
Turkish Coffee

咖啡渣竟關係著未來一個月的命運

　　土耳其位於歐亞交界，在歷史上除了具有重要的軍事和交通地位，更是各國文化的來往要道。在強盛了幾世紀的鄂圖曼帝國統治期間，咖啡由葉門進入土耳其，據說鄂圖曼帝國就是因為有了這種「黑色液體」的幫助，才能如此驍勇善戰，打了不少勝仗，其後，咖啡再傳到了奧地利，飲用咖啡的文化逐漸在歐洲大陸遍地開花。

　　咖啡自然是在土耳其生了根，並以一種極其傳統而獨具特色的方式存在於這個歷史悠久且繽紛的國度。來到這裡旅遊，可以在任何一個角落探尋到當地以特有方式烹煮的咖啡，盛裝在雕鏤或繪有精緻圖紋的小杯裡，緊抓著遊人的目光。他們烹煮咖啡的器具通常是一支有長柄的無蓋小銅壺，裝入磨得極細的咖啡粉、糖和冷水後加熱，通常是炭火或高溫的沙盤，重複煮滾三次後即可裝杯，先不提咖啡的滋味如何，光是烹調者不停移動手中的銅壺、咖啡滾到冒泡並直至充滿中東風情的杯盤端到眼前，猶如觀賞了一場華麗的魔術表演。

　　更特別的是，煮土耳其咖啡向來不過濾，喝的時候也是，只管放任濃郁的咖啡和熱情如吉普賽舞孃的粉渣在口中舞著。那一飲而盡後殘留在杯底的渣滓怎麼辦呢？懂占卜的人會湊近指示要將小碟子倒蓋在杯子上，然後再翻過來，搖晃幾下，等到杯子冷卻就可以依照杯底及沿著杯壁爬行的不規則圖形占卜出飲用者未來40天左右的運勢。不過準不準還真是見仁見智，與其糾結結果，不如就姑且當作一個特別的體驗和回憶吧！

未来

現在

過去

089 越南咖啡
Vietnamese Coffee

靠甜膩的煉乳虜獲粉絲的心

　　自19世紀法國人將咖啡傳入殖民地越南，它就一直扮演著稱職的供應者，時至今日，已是亞洲最大的咖啡豆出口國。雖然越南全境都位在北回歸線以南，屬於熱帶氣候，但由於國土狹長，緯度加上地形的差異使得各地氣候還是有顯著的不同，北部零星山區可種植阿拉比卡，其他地區則以種植對氣候、照顧的需求相對較低、價格也低廉的羅布斯塔為主；由於未經過特殊技術栽植的羅布斯塔咖啡因高、苦味重、香氣也略輸阿拉比卡，普遍有越南生產的咖啡豆品質不佳之說法，尤其近年來受到氣候變遷影響、其他產地優質咖啡豆的競爭等，越南咖啡屢屢受到挑戰，因而政府也試圖從改善品質、提升產量等方面做出因應。

　　受潛移默化的不僅是咖啡豆產業，咖啡也成為越南人民不可或缺的飲品，在當地文化加持下，也產生各種不同口味像是添加優格、椰奶，或是以蛋黃、保久乳和糖打發的奶泡製成的蛋咖啡讓觀光客津津樂道，其中又以加了大量煉乳、甜死人不償命的「越南咖啡」最廣為人所知。由於越南貧富差距大，大多數人民飲用的是便宜的羅布斯塔豆，為了掩蓋咖啡豆的苦味，除了需要先加入奶油深焙至油油亮亮、充滿奶油香，調製飲品時也會利用各種不同調味讓咖啡更為順口。

　　越南咖啡源自於法國引進的滴濾式咖啡，當地使用經過改造的滴濾壺——多為鋁製或不鏽鋼製，有點像平底且底部布滿孔洞的手沖濾杯，因為沖泡過程不需要放濾紙，研磨刻度會採取中等或粗顆粒，除避免萃取過度之外，也能減少沖煮過程中流入杯子的咖啡渣。沖出來的咖啡加入煉乳和冰塊，就成了別具風味的東南亞飲品。

咖啡歷史與文化

090 加了眼淚的愛爾蘭咖啡？
Irish Coffee

加了威士忌的咖啡暖身也暖心

　　有位空姐每回降落在愛爾蘭時，都會走進機場的酒吧，卻只點一杯熱咖啡，調酒師留意到這位不喝酒的空姐並愛上了她，為了虜獲佳人芳心，他調製出一款含有愛爾蘭威士忌、砂糖、鮮奶油、熱咖啡的雞尾酒，藏在為她特製的菜單裡，然而空姐過了一年才發現菜單上這杯「愛爾蘭咖啡」，激動的調酒師控制不了他的淚水滴到杯緣，形成單戀而無法言說的滋味。

　　往後，空姐開始每次來到酒吧就點一杯愛爾蘭咖啡，和調酒師聊旅途中發生的大小事。直到又過了一段時日，她決定不再當空姐，來到酒吧和調酒師道別，調酒師自知留不住她，卻沒勇氣表明心意，只問了一句：「Want some tear drops?」（要加點淚珠嗎？）。不明就裡的女孩回到舊金山，卻遍尋不著令她懷念的愛爾蘭咖啡，才明白原來只為她獨有。

　　浪漫的傳說故事總是更容易受到世人傳頌，所幸真正的發明者並未被遺忘。愛爾蘭西部的福因斯機場（現為香農機場）在40年代常有歐美航班過境，因為天氣不穩定，旅客經常需要在機場過夜。在某個冬夜，一如往常地又有旅客被滯留在機場，該機場餐廳的大廚謝里丹（Joseph Sheridan）便想出這款愛爾蘭咖啡供旅客暖身。過了大約十年，旅遊作家斯坦頓（Stanton Delaplane）與舊金山「美好風景咖啡館」（Buena Vista）的好友老闆傑克（Jack Koeppler）打賭，要重現他在香農機場喝到的愛爾蘭咖啡，傑克還為此遠赴愛爾蘭請教謝里丹如何讓鮮奶油成功漂浮在咖啡上。自此，這杯溫暖旅人的調酒反而成為舊金山的特色，更紅到了全世界。

091 美好的「Fika」時光
Fika

瑞典人幸福的祕訣

　　瑞典除了以極簡清爽的北歐風家居設計、長年位居世界幸福指數排行榜前十位聞名，每年瑞士洛桑管理學院都會公布一項世界競爭力評比，根據經濟表現、政府效能、企業效能、基礎建設……等綜合項目作出評估，而瑞典在2021年排名第2，到底是什麼樣的環境讓瑞典人能在維持工作的高效率之餘，仍能感到幸福呢？此可歸因於他們的「**Fika**」，看似簡單「休息時間」的概念，卻蘊含著慢活的生活哲學。

　　瑞典人熱愛咖啡的程度在全球也是赫赫有名，經常躋身前十大咖啡消費國，平均每個人一年消費7.6公斤的咖啡，在如此龐大的消耗量之下，很難想像瑞典人並不像我們對繁忙生活的認知：常在通勤、工作、開會的時候來一杯咖啡，反而是「Fika」在他們的生活中占有一席之地。這個字源自於瑞典文的咖啡「Kaffe」，廣義來說，指的是一段休息時間，好好地享用一杯飲品（不僅是咖啡，茶也可以）、配上一份點心，因此不限時間地點，可以是一個人，也可以是同事或三五好友。

　　但對於瑞典人而言，Fika已儼然是一種儀式，反映出瑞典人對於讓自己暫停下來，在那個片刻充分感受與品味的重視，因而就算是其他地區也有類似的下午茶或點心文化，Fika更著重的是心靈是否有獲得休息和充電，許多瑞典企業因此強制將其納為工作時間的一部分，員工也的確在經過一天內兩、三次的Fika後能以更放鬆的心態工作，生產力不減反增，這種「休息」的概念逐漸受到注目後，推廣到了歐美、甚至是亞洲，令工商業社會急促的腳步得以舒緩。

092 義大利人的咖啡日常
Italy And Coffee

看似隨興卻不失嚴謹

日本人時常戲稱體內流的不是血液，而是味噌湯，早已與咖啡劃上等號的義大利民族，平均每個人一天最少要喝四、五杯咖啡，若要說咖啡是義大利人維持生命的液體一點也不誇張，不光是最基本的濃縮咖啡從豆子、喝法都有許多細節，不同時間喝不同口味的咖啡也非常講究，可見對義大利人來說不只是生活習慣，更像是每天必須完成的儀式，只要造訪過都能充分體驗到他們重視咖啡的程度。

在義大利，幾乎家家戶戶都會備有摩卡壺，每當早晨來臨，一壺香氣四溢的濃縮咖啡就是他們一天的開始，到了早餐時間還要再來一杯加了牛奶的拿鐵或是卡布奇諾佐餐。有趣的是，因為牛奶對部分義大利人而言並不是那麼容易消化，越來越少人在早餐過後飲用奶含量較高的咖啡，漸漸地，在早晨以外的時段喝含奶咖啡彷彿成為禁忌一般，去咖啡店點了還很可能會被投以異樣眼光呢！

除了在家使用摩卡壺，出門在外也不會放過任何喝咖啡的機會。在義大利，比起坐下來悠哉地喝咖啡，人們更常到可以站著喝咖啡的「咖啡bar」點一個shot的濃縮咖啡，臨著吧檯一飲而盡、閒聊兩句之後接著啟程，倒不是義大利人生活匆忙，而是坐著喝咖啡實在太貴，只要一碰到椅子，同樣的咖啡至少被收兩倍的價錢，因此站著喝咖啡形成特殊的義大利風情，無論自個兒、兩人相談或三五成群，工作空檔或用餐前後到咖啡吧喝杯濃縮咖啡或瑪奇朵，對義大利人來說再平常不過了。

093 日本的咖啡文化
Japan And Coffee

咖啡離開歐美大陸後邁向的另一個極致

　　日本絕對是熱愛咖啡的國家無誤，這個遠渡重洋的外來者，不僅成為自身文化的一部分，還在漫長的歲月裡長成了新的樣貌，並且再回過頭影響歐美，這點從幾個來自日本的知名品牌UCC、Hario、Kalita等便可見一斑。然而，這可能是當年第一次接觸咖啡的日本人始料未及，畢竟彼此的磨合過程並不總是一帆風順。

　　航海興盛的17世紀，咖啡傳入了日本，與進入歐洲的時間相去不遠。時值日本實行鎖國政策，帶著咖啡環遊世界的荷蘭是極少數能接觸日本的國家之一，然而除了被當成藥物治療缺乏維生素產生的病症外，其他有幸嚐到這洋玩意的人始終無法適應它的焦苦味。明治時代（1868-1912）起，日本政策轉向脫亞入歐，洋派咖啡店和他們供應的咖啡、紅酒及各式西洋餐點逐漸融入民眾生活，雖然之後一度在二戰砲火下成為限制輸入的「敵國飲料」，咖啡在日本的地位仍可說是已經奠定。

　　其後咖啡的「日本化」反映其對人的體貼、對美以及極致的追求。60年代，以便於攜帶又能長時間存放為發想的罐裝牛奶咖啡問世；70年代，日本將美國進口的自動販賣機改良為冷熱兩用，讓咖啡以截然不同的形式快速、廣泛地擴散到各地。第三波咖啡浪潮來襲，手工感重的沖煮方式如滴濾式、虹吸壺更是大受日本人喜愛，除了更能呈現咖啡細膩的風味，沖煮過程也彰顯出匠人的精神和姿態，因此很多手工打造的咖啡器具接連登場，實用之外也增加了工藝收藏價值。

094 即溶咖啡與掛耳式咖啡
Instant Coffee vs. Drip Bag Coffee

效率和風味是否注定無法兼顧？

　　在這個生活節奏快速的現代化社會，人們對咖啡的需求與日俱增，但想要像北歐人一樣坐下來悠閒地品嘗咖啡實在奢侈，使得方便快速已幾乎代替風味本身而成為挑選咖啡的第一考量，因而即溶咖啡、掛耳式咖啡在這種生活型態之下受到青睞，不需到咖啡店花幾分鐘的時間等待、不用準備研磨與沖煮設備，甚至也不需添購膠囊機、愛樂壓等器材，無論走到哪，只要有熱水就可以輕易喝到熱騰騰的咖啡。

　　早在19世紀末，紐西蘭人史詮（David Strang）已發明出最初的「**即溶咖啡**」，然而即使經過十幾年，期間又有日本科學家加藤先生（Satori Kato）的改良，卻仍乏人問津。直到發明家喬治‧華盛頓（George Constant Washington，不是砍櫻桃樹的那一位）在1906年開發可以大量生產即溶咖啡的方式，遇上第一次世界大戰開打，美軍購買其生產的咖啡粉供士兵提神、增加作戰效率，才受到廣泛飲用，還被戲稱為「a cup of George」。然而長久以來，即溶咖啡用品質較差的咖啡豆製作以降低成本，滋味無法與新鮮現沖的豆子相比之外，為了調整風味還加了許多糖、奶精等添加物也引起健康疑慮，但它帶來的便利性仍讓人難以抗拒。

　　於是又歷經了罐裝咖啡和膠囊咖啡問世後，日本山中產業株式會社終於在1990年設計出「**掛耳式咖啡**」加入角逐，只不過當時的包裝支撐不了沖咖啡時的重量，而由大紀商事將其改良為如今看到掛耳在兩側的模樣，它才成功商業化；現在的包裝除了密封，有些更填充氮氣延長保存期限。掛耳式的興起如同開創咖啡的新紀元，人們終於同時擁有即溶咖啡的便利性與手沖咖啡的質感。

1990 山中產業株式會社 ———
　　　 發明單邊掛耳

1996 大紀商事改良

1999 大紀商事成功
　　　 研發出雙邊掛耳

095 拉花
Latte Art

咖啡杯裡令人期待的風景

縱使現在的科技已經進步到想在咖啡館以外的地方喝一杯義式咖啡並非什麼難事，**「拉花」**卻仍是個一般人難以達成、只能在咖啡店看到的夢幻奇景，在咖啡師巧手微微晃動之下，不消幾秒鐘的時間，飽滿有光澤的咖啡表面便浮現各式優美精緻的圖樣，令人不由得讚嘆咖啡師絕妙的手藝。

雖然有個「花」字，拉花的起源卻和花沒有太大關係。它的英文叫「Latte art」，顯見這是一門為義式咖啡而存在的藝術，雖然無從考證是誰發明出這樣的點子，但可以確定自80年代後期，拉花由咖啡店「Espresso Vivace」的招牌心形圖案，並以西雅圖為起點在美國流行了起來。隨著技術日漸普及與進化，款式也愈趨多變，從「雕花」、立體拉花到可以畫出人像，一推出每每令人嘖嘖稱奇。有趣的是，早在還沒有咖啡的中國宋代，其飲茶文化也有異曲同工之妙，當時流行「點茶」（將茶磨成粉以茶筅攪拌出泡沫飲用），雅士們以器具在茶湯和浮沫上勾勒出文字或是山水花鳥，稱為「水丹青」或「茶百戲」等等，為平凡的茶飲增添娛樂性和藝術性。

拉花是咖啡油脂和奶泡的完美結合，兩者都是細密而堅固的泡沫，咖啡師利用它們不會在倒入的第一時間混合的特性，拉出一褐一白鮮明的畫面。要成功拉出圖案之所以困難，是因為適合拉花的奶泡需要足夠的穩定度和流動性，而隨著杯子傾斜的角度、奶泡倒入的時機、晃動程度等不同，只要失之毫釐都可能差之千里，因此這些通常需要經過幾個月的苦練才能有所成就。

096 第三空間
Third Place

透過場域轉換提升生活品質

　　人類自出生開始，每天都會在不同的地方之間移動、作息，空間從原本不具任何意義的場域，但因人類的需求、生活經驗、知識背景、情感、記憶等賦予了不同的用途和價值——想像自己租下一間沒有任何家具的空屋，將它稱之為「家」，並逐漸增加自己喜歡的擺設的那種心情。換句話說，空間可以是個人的（即便可能只是一間廁所）、宗教的、家庭的或群體的，如何定義取決於我們看待的角度。

　　美國社會學家雷・奧登伯格（Ray Oldenburg）在其1989年的著作《絕對的地方》（The Great Good Place）提出**「第三空間」**的概念。第三空間指的是家裡（第一場所）和工作場所（第二場所）之外會花最長時間逗留、活動的公共場所，一旦人們處於家裡和公司「兩點一線」的狀態過久容易彈性疲乏，而第三空間著重交流功能、中立性且不需要太高的花費，像是公園、健身房、圖書館、咖啡店或餐廳，不同社會階層的人都可以參與其中，為緊繃而一成不變的生活提供了調劑。

　　星巴克作為「元老級」連鎖咖啡店，早早地意識到人對於放鬆的需求，直接將品牌定位為第三空間，成為許多後進模仿的對象。這類型的咖啡店不等別人來定義，而選擇採取更積極主動提供服務的策略，他們以顧客的感受為重，以星巴克來說，燈光、擺設、音樂營造出的氛圍、服務人員與顧客間產生的互動、空間中瀰漫的咖啡香成功描繪出第三空間的樣貌，比起消費商品本身，顧客更像是去消費空間及無形的服務，人相對於空間的關係也正在發生轉變。

咖啡歷史與文化

咖啡歷史與文化

097 獨立咖啡館
Independent Coffee Shops

擁有的不只是咖啡

　　個人色彩濃厚的咖啡館越開越多，間間獨具一格、各據一方，讓民眾在習以為常的穩定一致口味之外，接觸咖啡的管道有更多樣化的選擇。相較於隨處可見、用各種商業手法包裝，以提供快速且品質穩定的咖啡服務為目標的連鎖咖啡店，獨立咖啡館通常會在經營者投注更多對咖啡的熱情之下，富含更值得挖掘並細細品味的內涵，從服務者展現的態度、選豆、烘豆到沖煮，在在顯示經營者的品味和價值觀。因此，也許沒有豐富的餐點、甚至沒有任何咖啡外的飲食選項，都只是為了將焦點拉回如何品嘗一杯好咖啡。

　　少了連鎖經營的制式化和商業操作，獨立咖啡館要面臨更大的經營壓力，但也相對表示他們有更高的自主性，經營者通常比客人更在意產品是否達到水準，關心客人的飲用心得、分享他們對咖啡的認識，甚至不藏私地告訴你怎麼沖煮咖啡才會好喝，有些充滿性格的經營者還會規定飲用方式或時機。如果對咖啡感到好奇，走進一間獨立咖啡館並與櫃檯的人聊聊，絕對能得到截然不同的體驗與更深入的交流。

　　此外，許多獨立咖啡館的經營者也不吝惜將個人的喜好與空間結合，因此在裝潢、營造出的環境氛圍上呈現更豐富的多樣性，因而有了閱讀、攝影、藝術、收藏等不同主題，而地點的選擇往往也不鎖定車水馬龍的精華地段，藏身靜謐的街巷或富有人文風格的老宅，並傳達對社會或環境的理想。這些不以商業目的為優先、專注於追求與眾不同的咖啡館，也許正打中許多人心所嚮往，對於咖啡愛好者而言，更是值得玩味。

098 世界盃咖啡大師賽
World Brista Championship

咖啡界的奧林匹克運動會

　　競技活動在人類的歷史上已經存在相當長的一段時間，滿足了人與生俱來的競爭天性，不僅是技藝上的切磋，同時也具備了社會交流及娛樂性等功能。咖啡文化在發展過程中，自然也衍生出許多大大小小的比賽，比咖啡豆的品質、比咖啡師的手藝，更比誰能呈現出咖啡的新面貌。而有著「咖啡賽事的最高殿堂」之稱的**「世界盃咖啡大師賽」**（WBC）自2000年於蒙地卡羅舉辦首屆比賽迄今，吸引了各國優秀咖啡師一較高下；台灣從2007年起，幾乎每年都有好手躋身其中，2016年，咖啡師吳澤霖獲得冠軍，更讓台灣揚名國際。

　　世界盃咖啡大師賽是由「精品咖啡協會」（SCA）所成立的「世界咖啡大賽」（World Coffee Events，WCE）舉辦的眾多比賽之一。精品咖啡協會為美國精品咖啡協會（SCAA）與歐洲精品咖啡協會（SCE）合併的全球性非營利組織，以咖啡知識共享、技術傳遞為目標；WCE則在協會中扮演著舉辦咖啡賽事與活動的角色，每年都有手沖、拉花、烘焙、咖啡調酒、杯測等各項國際賽事提供咖啡職人們一展長才的舞台。

　　以濃縮咖啡為比賽項目的世界盃咖啡大師賽，需要選手們在15分鐘的時間內，製作出濃縮咖啡、含牛奶的義式咖啡（通常是卡布奇諾）、以濃縮咖啡為基底的創意飲品各4杯，由評審針對器材的選擇與運用、沖煮手法、成品外觀與口味、創意度等項目做出評比，唯有各項都符合最高標準，才能從數十位各國代表中脫穎而出。

咖啡歷史與文化

15分鐘內 × 3種飲品

- 濃縮咖啡（4杯）
- 卡布奇諾（4杯）
- 原創特調飲品（4杯）

WORLD
BRISTA
Championship

Dublin Ireland 2016

FIRST PLACE

評分基準

- 器材選擇與運用
- 沖煮手法
- 外觀與口味
- 創意度

099 COE咖啡卓越杯
Cup Of Excellence（COE）

農民提升咖啡豆品質的誘因

咖啡是世界上最重要的經濟作物之一，關係著生產國的經濟命脈，其價格波動影響的不僅是市場波動，還有賴以為生的咖啡農，而咖啡農的生計與咖啡生豆出口量和品質絕對是息息相關，這樣環環相扣的關係使得國際間開始重視咖啡價格的穩定度。由於二十世紀初發生嚴重的咖啡價格下跌，當時咖啡的產量遠高於需求，加上全球發生經濟危機，使得許多咖啡農轉而栽種其他作物或乾脆任其荒廢，品質低劣的生豆也流向市面。

為了避免再次發生類似的災難，咖啡卓越聯盟（Alliance for Coffee Excellence，ACE）在1999年首次舉辦「卓越杯」（COE）——透過杯測競賽公正評選出優質生豆並以拍賣提高生豆出口價格的計畫，這個計畫的實施等於在商業豆與精品豆之間劃出明確的分野，咖啡農參與計畫獲得生產環境與設施的改善，也因為競賽帶來的效益更願意提升產品品質，更多原本名不見經傳的小農透過卓越杯，得以在追求質量的買家面前曝光，消費者也能確保花了較高價格擁有的咖啡是經過認證的。

卓越杯分成三個階段：幾百組樣品經評審預選後剩約60組交由經驗豐富的專家盲測。評審們依據甜度、酸度、口感、風味、餘韻、均衡度等指標評分，總分是100分，80分以下縱有差別仍統稱商業豆，80分以上算進入精品豆的範疇，而86分以上的等級才會在全球性線上拍賣進行販售。能到達86分的樣品將進入第三階段評選出前10名，確認最終排名後舉行競標。2021年台灣首次與ACE合作舉辦台灣精品咖啡的私人收藏拍賣，將提供九組台灣種植的樣品在ACE網上競標，讓世界看到台灣的實力。

評分指標

甜度　酸度
口感　風味
餘韻　均衡度
乾淨度　總體表現

100 咖啡期貨
C Market

全球最受矚目的投資商品之一

「**期貨**」最早是進行農作物交易時，為了因應任何可能致使價格漲跌的因素，買賣雙方事先簽訂協議未來的交易時限和金額的合約，並預付保證金以保障雙方權益。由於此交易方式具備了隨季節、氣候等因素改變，能造成產量與價格巨大波動的特性，漸漸地也被操作為投資工具之一，期貨的投資標的相當廣泛，國內外常見的包括如小麥、大豆、玉米、禽畜產品等農業類；原油、天然氣等能源類；包含了金、銀等貴金屬與銅、鋁等工業金屬的金屬類；以及非實體商品的指數、股票、外匯等金融類。

咖啡豆、可可、糖和棉花等也被歸類於農產品期貨，為了與一般農產品的商品特性和經濟價值作出區隔，市場上會將它們獨立出來，稱為「軟性商品期貨」。而史上首次針對咖啡豆交易有明確的相關規範是在西元1882年，一眾咖啡貿易商於美國紐約成立咖啡交易所，以避免受到投機者過度操縱。此後一百多年間，咖啡交易所歷經與糖、可可及棉花等交易所合併，最終在2007年被併入投資人較熟悉的美國洲際交易所（ICE）。

咖啡豆在全球的交易量僅次於原油，目前市場上主要的交易標的有二，其一是來自除巴西以外19國的阿拉比卡豆（Coffee C或KC）；其二則是羅布斯塔豆（Robusta Coffee或RC）。既然作為投資工具，勢必有許多因素會造成咖啡豆價格波動，其中最直接的就是生產國的供應量發生變化，像是氣候變遷、產量多寡、病蟲害等；間接因素則包括了生產國的政經局勢、咖啡組織對產量或價格變動採取的措施、其他致使產生市場預期心理的傳聞等。但無論如何，價格漲跌跟咖啡產業、農民生計甚至生產國的穩定之間都有密不可分的關係。

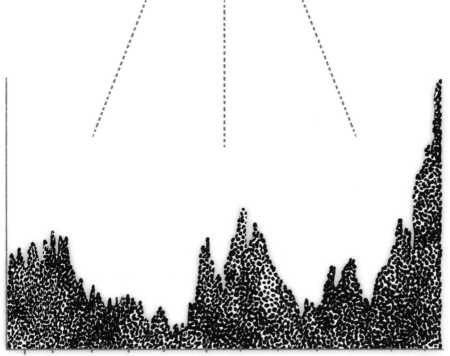

影響因素

供應量變化　氣候變遷　病蟲害

生產國的政經局勢

國際咖啡組織採取措施

市場預期心理　罷工

Jan Feb Mar Apr May Jun Jul Aug Sep Oct Nov Dec

101 公平貿易
Fairtrade

友善農民、環境與消費者的商業模式

　　全球有成千上萬位處開發中國家的生產者，以種植大宗經濟作物為生，但至今仍在勞資不對等的困境中求生存，以咖啡而言，目前大部分市面上知名的咖啡豆，是由於農民有資源和機會改善種植條件，進而優化咖啡品質，參加比賽打開知名度，直至成為貨架上的精品豆，這個漫長的過程固然有咖啡農的努力，然而有能力在世人面前耀眼的畢竟只是冰山一角，更多時候是人們拿著一杯要價不斐的咖啡，但經過中間貿易商層層剝削和價格炒作，回歸到農民手上的報酬往往遠低於預期。

　　西方早在四〇年代便有零星民間團體發起「**公平貿易運動**」（Fairtrade），協助建立生產者與貿易商之間更平等、透明的對話平台。公平貿易制度包括制訂保證收購價格，產品價格也不至於因國際市場波動受到太大的影響；確保農民在生活無虞外也保有生存尊嚴，除了種植環境須符合一定的道德標準（像是禁止童工、奴役等），並設置基金用以改善當地的水電、衛生、醫療、教育等設施乃至生產技術與環境；同時農民也被鼓勵用更友善環境、更能永續發展的生產方式，到目前為止已有約80%的公平貿易認證咖啡豆採有機種植。

　　當然不可否認，無論措施再如何立意良善，仍然有問題待解決，包括經濟學家、甚至咖啡業界都曾提出過對公平貿易的質疑與批判，不管是整體制度是否能真的幫助農民，或者是否淪為企業賺取社會形象的手段……等，公平貿易既以追求健康且長遠的商業體制為願景，如何在眾說紛紜中尋求平衡成為各界持續關注與研究的重要課題。

友善環境

友善生產者

友善消費者

——參考資料——
（依筆畫順序排列）

🫘 書籍

陳柔縉：《台灣幸福百事：你想不到的第一次》，究竟，2011

陳柔縉：《台灣西方文明初體驗》，麥田，2011

韓懷宗：《精品咖啡學》，寫樂文化，2012

麥斯威爾・科隆納－戴許伍德著，盧嘉琦譯：《咖啡字典A－Z：冠軍咖啡師寫給品飲者的250個關鍵字》，積木文化，2019

提姆・溫德柏著，周應鳴譯：《北歐咖啡浪潮：向新世代咖啡師溫德柏學習下一代精品咖啡》，大家出版，2014

🫘 文章

王怡尹：《影響精品咖啡價格因素之研究》，國立中興大學應用經濟學系碩士學位論文，2016

林明瑩：〈咖啡的重要害蟲——咖啡果小蠹〉，《台南區農業專訊》第69期，2009

莊惠惇、許進發：〈日本殖民政府技術官僚認知的咖啡及其世界市場〉，「乙未臺灣：漢、和、歐、亞文化的交錯」學術研討會，2015

張淑芬、程永雄、徐信次、朱慶國：〈台灣咖啡之介紹〉，《農業試驗所技術服務》第67期，台灣農業試驗所嘉義分所，2006

蔡孟君：《國際咖啡建制中的組織與規範》，國立中山大學政治學研究所碩士論文，2016

鍾志琛：〈應用低溫低濕乾燥機對台灣咖啡生豆乾燥之研究〉，國立屏東科技大學機械工程系碩士學位論文，2004

林綵潔：〈【獨具匠心】陳文光多年經驗駕輕就熟，用聽視嗅感覺炒咖啡〉，星洲網，2019：https://bit.ly/3viJfo8

吳雨潔：〈北回歸線的祝福　台灣精品咖啡讓世界著迷〉，天下，2018：
https://www.cw.com.tw/article/5089549?template=fashion

陳翊函：〈在維也納我喝不到維也納咖啡〉，小日子，2016：https://
onelittleday.com.tw/00810-2/

游富宇：〈咖啡為什麼這麼香？咖啡烘焙時的焦糖化與梅納反應〉，泛科學，
2012：https://pansci.asia/archives/33203

魯皓平：〈麝香貓咖啡：全球最貴咖啡的黑暗悲歌〉，遠見，2018：https://
www.gvm.com.tw/article/55175

David Schomer：〈Latte Art 101〉，COFFEETALK，1994：https://www.
espressovivace.com/archives/9412ct.html

Melia Robinson：〈How the CEO of Bulletproof Coffee turned buttered coffee
into a multimillion-dollar empire〉，INSIDER，2017：https://www.
businessinsider.com/bulletproof-coffee-dave-asprey-2017-4

Patricia Ma：〈咖啡狂熱者的新選擇：「Flat White」〉，NOM Magazine，
2016：https://bit.ly/3BIf77Q

Ting Wei：〈越南咖啡，一喝就愛上的經典〉，NOM Magazine，2017：
https://bit.ly/3AGtt7p

〈手沖就是好咖啡嗎？日曬、水洗又差在哪？關於手沖咖啡，你該知道的5件
事〉，GQ，2020：https://bit.ly/3inMa9T

〈什麼是氮氣咖啡？冷萃、冰釀、冰滴跟冰美式又差在哪？關於冰黑咖啡4大
類一次搞懂！〉，GQ，2020：https://bit.ly/3uBimLF

〈本土好風味！台灣咖啡有這3大產區，不輸舶來品！〉，自由時報：https://
food.ltn.com.tw/article/6084

〈全球咖啡危機即將來臨〉，農業科技決策資訊平台，2020：https://agritech-
foresight.atri.org.tw/article/contents/3237

〈美式咖啡起源於義大利？！跟黑咖啡又差在哪？關於「美式咖啡」，三個容
易誤會的迷思一次瞭解！〉，GQ，2020：https://bit.ly/3kY1dbX

〈咖啡果小蠹綜合防治策略〉，行政院農業委員會茶業改良場魚池分場：
https://bit.ly/3B4EwIE

〈咖啡起源（一）：牧羊少年kaldi與他的發瘋羊群〉，CANTATA，2016：
https://bit.ly/3lDkVtF

〈剖析重焙與淺焙的咖啡因問題〉，Coffeeland，2020：https://www.
coffeeland.com.tw/Article/Detail/50819?lang=zh-TW

〈A coffee glossary for Vienna〉，Visiting Vienna，2021：https://www.visitingvienna.com/eatingdrinking/food/coffee-glossary/

〈What Is Slow Brew Coffee?〉，Coffee Samurai，2020：https://www.coffeesamurai.com/what-is-slow-brew-coffee/

🫘 網站

行政院農業委員會茶業改良場：https://www.tres.gov.tw/ws.php?id=1479

成真部落格─咖啡知識：https://www.cometrue-coffee.com/blog

咖啡師&我：https://caffes.me/

咖啡市集：https://blog.coffeemart.com.tw/

咖啡什麼：https://www.yipee.cc/

食力：https://www.foodnext.net/

農委會農業知識入口網：https://kmweb.coa.gov.tw/index.php

歐客佬精品咖啡&愛豆網：https://www.idou.com.tw/blog/posts

湛盧咖啡─咖啡生活誌：https://www.zhanlu.com.tw/category/coffeelife/

盧貝思烘豆專欄：https://rubasseroasters.com/zh/blog/

Coffee Hunter：https://coffeehunter.tw/blog/

OKOgreen生態綠─推文章：https://shop.okogreen.com.tw/v2/shop/InfoModuleList#!/

Aeropress（愛樂壓）：https://aeropress.com/

Alliance for Coffee Excellence（咖啡卓越聯盟）：https://allianceforcoffeeexcellence.org/

BULLETPROOF（防彈咖啡）：https://www.bulletproof.com/

CHEMEX（凱梅克斯）：https://www.chemexcoffeemaker.com/

International Coffee Organization（國際咖啡組織）：https://www.ico.org/

Le Nez：https://www.lenez.com/

Specialty Coffee Association（精品咖啡協會）：https://sca.coffee/

World Barista Championship（世界盃咖啡大師賽）：https://worldbaristachampionship.org/

World Coffee Events：https://worldcoffeeevents.org/

國家圖書館出版品預行編目（CIP）資料

咖啡學堂：從豆子到杯子，精選101個你必須知道的
咖啡知識／王稚雅編著;蔡豫寧繪. -- 初版. -- 臺中市:
晨星出版有限公司，2022.05
　　面；　公分 . --（看懂一本通；014）

ISBN 978-626-320-098-2（平裝）

1.CST: 咖啡

427.42　　　　　　　　　　　　　　　　111001970

看懂一本通 014

咖啡學堂

從豆子到杯子，精選101個你必須知道的咖啡知識

編著者	王稚雅
繪者	蔡豫寧
責任編輯	王韻絜
校對	王韻絜、謝永銓
封面設計	戴佳琪
內頁美術	王韻絜、黃偵瑜

創辦人	陳銘民
發行所	晨星出版有限公司 407台中市西屯區工業30路1號1樓 TEL：04-23595820　FAX：04-23550581 E-mail:service@morningstar.com.tw http://www.morningstar.com.tw 行政院新聞局局版台業字第2500號
法律顧問	陳思成律師
初版	西元2022年05月01日　初版1刷 西元2022年10月15日　初版2刷

歡迎掃描 QR CODE，
填線上回函

讀者服務專線	TEL: （02）23672044 / （04）23595819#212
讀者傳真專線	FAX: （02）23635741 / （04）23595493
讀者專用信箱	service@morningstar.com.tw
網路書店	http://www.morningstar.com.tw
郵政劃撥	15060393（知己圖書股份有限公司）
印刷	上好印刷股份有限公司

定價 450 元
（如書籍有缺頁或破損，請寄回更換）
ISBN：978-626-320-098-2

Published by Morning Star Publishing Co., Ltd.